新能源系列——风能专业规划教材

风力发电机组控制技术及仿真

FENGLI
FADIAN
JIZU
KONGZHI JISHU
JI FANGZHEN

王 春 班淑珍 主编 韩俊峰 副主编

U0216719

化学工业出版社

·北京·

本书主要介绍了用于风力发电的各种发电机以及电气系统基本原理和控制方面的知识。全书共分8章，内容包括变桨系统、制动系统、液压系统、偏航系统、控制系统、变频并网技术等的基本控制原理与控制技术。本书突出了现代风力发电机组机型的典型控制方式。

　　本书可以作为风能与动力专业以及风能相关专业学生的教材以及各类风电技术培训班的教学用书，也可以作为风电场和风电主机或配套企业管理人员、技术工人的自学读物。

图书在版编目(CIP)数据

风力发电机组控制技术及仿真/王春，班淑珍主编.
北京：化学工业出版社，2015.8
（新能源系列）
风能专业规划教材
ISBN 978-7-122-24254-9

Ⅰ.①风… Ⅱ.①王…②班… Ⅲ.①风力发电机-发电机组-控制系统-教材②风力发电机-发电机组-仿真系统-教材 Ⅳ.①TM315

中国版本图书馆 CIP 数据核字（2015）第 126169 号

责任编辑：刘　哲　　　　　　　　　　　装帧设计：韩　飞
责任校对：王素芹

出版发行：化学工业出版社（北京市东城区青年湖南街 13 号　邮政编码 100011）
印　　装：三河市延风印装有限公司
787mm×1092mm　1/16　印张9¾　字数217千字　2016 年 4 月北京第 1 版第 1 次印刷

购书咨询：010-64518888（传真：010-64519686）　售后服务：010-64518899
网　　址：http://www.cip.com.cn
凡购买本书，如有缺损质量问题，本社销售中心负责调换。

定　　价：25.00 元

前　言

风能是一种清洁、实用、经济和环境友好的可再生能源，与其他可再生能源一起，可以为人类发展提供可持续的能源基础。在未来能源系统中，风电具有重要的战略地位。

全球已经进入从化石能源向可再生能源转变的时期，这次转型的最大动机是环境。国家能源发展的战略方向重要标志之一就是要加强可再生能源在能源消费中的比重，固守化石能源的发展模式是没有出路的。风能发电越来越受到各国的重视。按照《国家中长期科学和技术发展规划纲要（2006—2020年）》规划，未来15年，全国风力发电装机容量将达到2000万～3000万千瓦。2014年，全国风电产业继续保持强劲增长势头，全年风电新增装机容量1981万千瓦，新增装机容量创历史新高，累计并网装机容量达到9637万千瓦，占全部发电装机容量的7%，占全球风电装机的27%。2014年风电上网电量1534亿千瓦时，占全部发电量的2.78%。风电设备制造能力持续增强，技术水平显著提升。全国新增风电设备吊装容量2335万千瓦，同比增长45%，全国风电设备累计吊装容量达到1.15亿千瓦，同比增长25.5%。风机单机功率显著提升，2MW机型市场占有率同比增长9%。风电机组可靠性持续提高，平均可利用率达到97%以上。

随着风电行业的不断发展，人才缺口巨大，许多高职高专开设了新能源专业，但是没有合适的教材，作者通过企业调研与对风电专业的教学经验，编写了《风力发电机控制技术及仿真》。本教材可以作为职业院校以及各类风电技术培训班的教学用书，也可以作为风电场、风电主机或配套企业管理人员、技术人员以及风电爱好者的自学读物。

  本教材主要介绍了用于风力发电机组设备以及电气系统基本原理和控制方面的知识。全书共分八章，包括风力发电原理与结构、变桨系统、制动系统、液压系统、偏航系统、风力发电机组控制系统、风力发电机组变频并网技术的基本工作原理与控制。

  本书的特点是采用现代技术和方法，坚持理论与实际相结合，体现风力发电机组工作原理及控制内容的系统性、完整性、先进性，突出了现代风力发电机组机型的典型控制方式。

  本教材第一、三、四章由包头职业技术学院王春编写，第二章由包头轻工职业技术学院班淑珍编写，第五、七章由包头职业技术学院韩俊峰编写，第六、八章由包头职业技术学院王爱编写，参加编写的人员还有张美荣、李瑜、仇联君、贾晨露。

  由于作者水平有限，加之书中很多章节为探索性讨论，不足之处在所难免，请各位专家和广大读者不吝指正。

编者

2015 年 11 月

目　录

第1章

概述

1.1 风能的利用

人类利用风能的历史可以追溯到公元前。我国是世界上最早利用风能的国家之一。公元前数世纪我国人民就利用风力提水、灌溉、磨面、舂米，用风帆推动船舶前进。宋代更是我国应用风车的全盛时代，当时流行的垂直轴风车，一直沿用至今。在国外，公元前2世纪，古波斯人就利用垂直轴风车碾米。11世纪风车在中东已获得广泛的应用。13世纪风车传至欧洲，14世纪已成为欧洲不可缺少的原动机。在荷兰，风车先用于莱茵河三角洲湖地和低湿地的汲水，后又用于榨油和锯木。直到蒸汽机的出现，欧洲风车数目才急剧下降。

数千年来，风能技术发展缓慢，也没有引起人们足够的重视。但自1973年世界石油危机以来，在常规能源告急和全球生态环境恶化的双重压力下，风能作为新能源的一部分才重新有了长足的发展。风能作为一种无污染和可再生的新能源有着巨大的发展潜力，特别是对沿海岛屿、交通不便的边远山区、地广人稀的草原牧场，以及远离电网和近期内电网还难以达到的农村边疆，作为解决生产和生活能源的一种可靠途径，有着十分重要的意义。即使在发达国家，风能作为一种高效清洁的新能源也日益受到重视。美国早在1974年就开始实行联邦风能计划，并于20世纪80年代成功开发了100kW、200kW、2000kW、2500kW、6200kW、7200kW等6种风力机组。目前美国已成为世界上风力机装机容量最多的国家。

瑞典、荷兰、英国、丹麦、德国、日本、西班牙等国家也根据各自的情况制定了相应的风力发电计划。如丹麦在 1978 年即建成了日德兰风力发电站，装机容量 2000kW，三片风叶的扫掠直径为 54m，混凝土塔高 58m。德国早在 1980 年，在易北河口建成了一座风力电站，装机容量为 3000kW。英国的英伦三岛濒临海洋，风能十分丰富，政府对风能开发也十分重视，到 1990 年风力发电已占英国总发电量的 2%。在日本，1991 年 10 月轻津海峡青森县的日本最大的风力发电站投入运行，5 台风力发电机可为 700 户家庭提供电力。

　　风能的利用主要是以风能作动力和风力发电两种形式，其中又以风力发电为主。以风能作动力，就是利用风来直接带动各种机械装置，如风力泵水、风帆助航等。

1.1.1　风帆助航

　　最早的利用方式是"风帆行舟"，利用风力使船只在海面上航行。哥伦布、麦哲伦以及中国的郑和等的远洋航行使用的船只都是帆船，古老的风帆助航业得到了发展。在现代，随着电子计算机和自动化技术的发展，用计算机自动控制风帆的操纵及风帆与动力装置的优化配合已经成为现实，为风帆船的发展提供了有力的支持。20 世纪 80 年代，日本建造的"新爱德丸"风帆油船是世界上第一艘实现非人工操帆的风帆船，该船投入营运以来，取得了节省燃料费 50% 的目标。我国近年来所研制的风帆船，也已取得了初步的成果。

1.1.2　风车提水

　　利用风车提水可以治理山丘区坡耕地和解决人畜饮水问题，既经济、又环保。我国现有耕地 18 亿亩，灌溉面积仅为耕地面积的一半左右，因为干旱缺水等原因，60% 的耕地属中低产田。中低产田的现状都是靠天吃饭，风调雨顺则好，一遇到连旱则大幅欠收或绝收。利用当地丰富的风力资源，用风力提水设备将井里或低洼地的水提升到田里，既不用油又不用电，政府一次性投资，百姓终身收益，可谓一举两得。

1.1.3　风力发电

　　近百年来，荷兰、西班牙和希腊等国的乡村居民都会利用风车来发电。但是利用风车做风力发电既不稳定也不可靠，所以，当其他有效动力资源一出现，风车的地位随即被取代了。

　　近年来，由于传统燃料价格上涨，导致工程师们尝试发展其他更好的方法利用风力。风力虽不很稳定，但是比其他动力资源要来得便利，因为风向自由、清洁、不会产生有毒的废物，不会产生不良的副作用等。而且风可以推陈出新、供应不断，这是由于太阳照射局部的地球表面，使大气压力因地球表面的温差而异，已知空气因压力差而流动；所以只要有太阳的照射，风就会不断地吹。

　　现代风力机使得持续稳定地利用风能成为可能。

　　在电力不足的地区，为节省柴油机发电的燃料，可以采用风力发电与柴油机发电互补，组成风-柴互补发电系统。

风力发电场（简称风电场），是将多台大型并网式的风力发电机安装在风能资源好的场地，按照地形和主风向排成阵列，组成机群向电网供电。风力发电机就像种庄稼一样排列在地面上，故形象地称为"风力田"。风力发电场于 20 世纪 80 年代初在美国的加利福尼亚州兴起，目前世界上最大的风电场是洛杉矶附近的特哈查比风电场，装机容量超过 $50 \times 10^4 \text{kW}$，年发电量为 14 亿千瓦时，约占世界风力发电总量的 23%。

1.2　风能开发的意义

1.2.1　能源危机

　　（1）能源简介

　　近几千年来，人类为满足自身的欲望，不停地对地球索取自然能源。地球的能源大体可分为两种，一种是可再生的能源，在被消耗之后的一段时间后，能源能够再生和恢复；另外有的一种能源是不可再生能源，这些能源是在地球的几十亿年历程中积累而生成的能源，被消耗之后，在现有的条件和时间之内，能源不会再被恢复，一旦被消耗完了，就不会再有了。

　　人类数量的过快增长和人类文明的发展，使得人们对自然资源的需求越来越大，目前人类对地球资源的消耗速度远远超过地球的承受能力，所以地球的环境正在日益恶化，地球上的资源也正在日趋枯竭。不但是不可再生资源日趋枯竭，就连可再生资源也因为过度开发和开发不当，失去了原有的再生能力。

　　现在主要能源是煤、石油、天然气，还有核能、风能、太阳能、地热能等新能源。

　　然而煤、石油、天然气这些传统能源的发展历史和前景却不容乐观。

　　石油被喻为现代工业的血液，在大规模开采和运用石油不到 100 年的时间里，石油极大地推动了现代文明的发展。然而以目前的开采速度和石油储量来计算，估计最多还可供开采不到 50 年。因为石油是一种不可再生的稀缺能源，而现代社会和现代工业一刻都离不开石油，为了争夺石油这一重要而稀缺的能源，世界上发生了三次石油危机，分别发生在 1973 年、1979 年和 1990 年。而每一次石油危机的发生，都伴随着剧烈的政治变动或者是爆发战争。例如前些年爆发的阿富汗战争和伊拉克战争都和争夺石油不无关系。

　　煤可以说是人类开发利用历史最长的化石能源，煤的使用为人类社会的发展作出了不可磨灭的贡献，日常生活一刻都离不开（包括衣食住行）。但是煤炭被普遍认为是一种对地球不清洁的能源，因为煤的使用会排放大量的二氧化碳等温室气体，产生严重温室效应，而温室效应对地球的危害已经引起了人们的广泛关注，它会带来一些严重恶果，如海平面上升；气候反常，海洋风暴增多；燃煤产生大量的二氧化硫释放到空气中会形成酸雨，酸雨的危害是多方面的，包括对人体健康、生态系统和建筑设施都有直接和潜在的危害。所以人们正在努力减少对煤的利用。

我国天然气可采储量仅占世界总量的 1.0%～1.5%。我国人均天然气占有量仅约为世界平均值的 1/10。我国天然气资源分布极不平衡，西部盛产天然气，而需求大的地区却在东南沿海，于是建造超长达 4000km 的输气管线，进入经济发达的上海和广东地区。长输管线本身就有输送能耗，另外还有安全和监管风险等问题。

现在，除积极发展节能产业外，开发新能源，是人类目前解决能源危机的唯一出路。现在人们开发了很多的新能源，包括太阳能、风能、地热能、核能、天然气、潮汐能等，而且在新能源领域激烈的竞争和争夺早已经开始了。

（2）中国的能源问题

中国的能源局面尤为严峻。如果按照 2020 年的能源需求预测量估算，中国煤炭、石油和天然气的资源保证程度，分别为 30 年、5 年和 10 年。显然，中国迫切需要寻找可替代能源，发展新能源和可再生能源。中国也正努力地发展核能、太阳能、风能等新能源。

尽管中国各地普遍认同以风能、太阳能光伏为代表的新能源发电基地，但行业内一个较为保守的数据是：风力发电成本是传统发电成本的 2 倍，光伏发电成本则是传统发电成本的 10 倍。这也决定了风能、太阳能光伏产业无法摆脱依靠国家政策扶持才能生存的命运。

中国现在的发电状况是：核电约占 1%，水电约占 21%，火电约占 78%，其他（包括风电）估计不到 0.1%。计划 2020 年核电达到 20%，水电 20%，火电仍然会高达将近 60%。

核电的优势非常明显。仅仅 1kg 铀 235 全部裂变放出的能量，就相当于 2700t 标准煤燃烧放出的能量。核电站一年产生的二氧化碳仅是同等规模燃煤电站排放量的 1.6%，核电站不排放二氧化硫、氮氧化物和烟尘。随着科学技术的不断进步，核电成本优势日益突出。目前，法国核电成本是煤电成本的 0.57 倍，美国在 1962 年就已经低于煤电成本。与风电、水电等其他清洁能源相比，核电同时又具有容量大和基本不受天气等外因影响的优点，能够在环境影响的情况下稳定供应大量电力。

不断发展的科学技术也让核电站更加安全可靠，人们也逐渐认识到核电是切实可行和能大规模发展的商用替代能源。目前，我国的核电发展无论是从建设规模，还是技术利用都处于全球处于领先地位，已成为世界上少数几个拥有完整核工业体系的国家之一。到 2020 年，我国核电运行装机容量有望达到 7000 万千瓦。

综合来看，新能源又被统称为替代能源、清洁能源或绿色能源，其核心是针对传统能源（主要指化石能源）及能源利用方式的先进性和替代性，它具有清洁、分布广及高效等特点，强调的是可持续性利用。新的能源体系也是人类社会实现可持续发展、走向低碳或绿色经济的重要前提和必不可少的一环，其含义不仅包括能源转型、技术变革，还有发展观念等的转变。

1.2.2　环境污染

随着全球经济的发展，人们的生活质量越来越高。然而在人们越来越奢侈的物质享受的背后，却是生态的失调、环境的恶化。到处可见的水污染、大气污染、固体污染、水土流失等一系列严峻的问题，正在威胁着人们的正常生活，同时也严重影响着经济的发展。

（1）水污染

人类的活动会使大量的工业、农业和生活废弃物排入水中，使水受到污染。

"水污染"的定义，即水体因某种物质的介入，而导致其化学、物理、生物或者放射性等方面特征的改变，从而影响水的有效利用，危害人体健康或者破坏生态环境，造成水质恶化的现象称为水污染。

① 地球上的水似乎取之不尽，其实就目前人类的使用情况来看，只有淡水才是主要的水资源，而且只有淡水中的一小部分能被人们使用。淡水是一种可以再生的资源，其再生性取决于地球的水循环。随着工业的发展、人口的增加，大量水体被污染；为抽取河水，许多国家在河流上游建造水坝，改变了水流情况，使水的循环、自净受到了严重的影响。水的污染有两类，一类是自然污染；另一类是人为污染。当前对水体危害较大的是人为污染。水污染可根据污染杂质的不同而主要分为化学性污染、物理性污染和生物性污染三大类。

② 抽取地下水是缓解淡水不足的一个重要途径，但是过度抽取地下水会使地下水水位下降，导致地面沉降。

要解决水污染问题的根本途径还是在于要发动全球人民，增强保护水资源、节约用水意识；同时大力研制循环用水技术、海水淡化技术、污水净化技术等，并对排放污水或污染物质严重的企业、生活区进行合理监管和必要的惩罚，以增强人们保护水资源的意识。

（2）大气污染

凡是能使空气质量变差的物质都是大气污染物。大气污染物已知的有100多种，有自然因素（如森林火灾、火山爆发等）和人为因素（如工业废气、生活燃煤、汽车尾气等）两种，并且以后者为主要因素，尤其是工业生产和交通运输所造成的。主要过程由污染源排放、大气传播、人与物受害这三个环节所构成。

① 在干洁的大气中，痕量气体（含量在百万分之一以下的气体或气体组合）的组成是微不足道的。但是在一定范围的大气中，出现了原来没有的微量物质，其数量和持续时间，都有可能对人、动物、植物及物品、材料产生不利影响和危害。当大气中污染物质的浓度达到有害程度，以致破坏生态系统和人类正常生存和发展的条件，对人或物造成危害的现象，叫做大气污染。所谓干洁空气是指在自然状态下的大气（由混合气体、水气和杂质组成）除去水气和杂质的空气，其主要成分是氮气，占78.09%；氧气，占20.94%；氩，占0.93%；其他各种含量不到0.1%的微量气体（如氖、氦、二氧化碳、氮）。

大气污染对气候的影响很大，大气污染排放的污染物对局部地区和全球气候都会产生一定影响，尤其对全球气候的影响，从长远的观点看，这种影响将是很严重的。大气中二氧化碳的含量增加：燃料中含有各种复杂的成分，在燃烧后产生各种有害物质，即使不含杂质的燃料达到完全燃烧，也要产生水和二氧化碳，正因为燃料燃烧使大气中的二氧化碳浓度不断增加，破坏了自然界二氧化碳的平衡，以至可能引发"温室效应"，致使地球气温上升。所谓的"温室效应"是指，大气中的二氧化碳浓度增加，阻止地球热量的散失，使地球发生可感觉到的气温升高，破坏大气层与地面间红外线辐射正常关系，吸收地球释放出来的红外线辐射，就像"温室"一样，促使地球气温升高的气体称为"温室气体"。二氧化碳是数量最多的温室气体，约占大气总容量的 0.03％，许多其他痕量气体也会产生温室效应，其中有的温室效应比二氧化碳还强。

② 大气层的保护。许多环境问题是跨国界的，甚至是全球性的，如温室效应和臭氧层破坏等大气污染，需要世界各国的共同努力才能逐步解决。人们在 20 世纪 70 年代早期开始认识到氟氯烃可能对环境有害，并且开始寻找代替品。到了 80 年代中期，臭氧层破坏的证据已经日益清楚，采取共同行动的呼声也日益高涨。1987 年，许多国家的代表汇集在加拿大第二大城市蒙特利尔，签署了《关于消耗臭氧层物质的蒙特利尔协定书》。这个协定书是对付世界环境公害的一个开创性的国际协定，目的是控制氟氯烃和其他破坏臭氧层的物质的消费量，保护地球的"外衣"，也保护人类自己。经过修正后的蒙特利尔协定书是一个有约束力的国际协定。

我国已加入了修正后的蒙特利尔协定书，并且制定了履行国际义务的国家行动方案，包括建立保护臭氧层组织管理机构，制定有关行业的管理规范，积极开展替代品和替代技术的研究，为企业的替代技术改造安排配套资金等。

（3）固体污染

凡人类一切活动过程产生的，且对所有者已不再具有使用价值而被废弃的固态或半固态物质，通称为固体废物。

固体废物按来源大致可分为生活垃圾、一般工业固体废物和危险废物三种。此外，还有农业固体废物、建筑废料及弃土。固体废物如不加妥善收集、利用和处理处置，将会污染大气、水体和土壤，危害人体健康。

各类生产活动中产生的固体废物俗称废渣；生活活动中产生的固体废物则称为垃圾。

垃圾正成为困扰人类社会的一大问题，大量的生活和工业垃圾由于缺少处理系统而露天堆放，垃圾围城现象日益严重，成堆的垃圾臭气熏天，病菌滋生，有毒物质污染地表和地下水，严重危害人类的健康。这种现象若得不到遏制，人类将被自己生产的垃圾埋葬掉。

要解决固体废物的危害，唯有全体人民集体行动起来，充分利用资源，加强资源再利用，不随便抛弃固体物质。

（4）水土流失

水土流失是指在水流作用下，土壤被侵蚀、搬运和沉淀的整个过程。在自然状态下，纯粹由自然因素引起的地表侵蚀过程非常缓慢，常与土壤形成过程处于相对平衡状态。因此坡地还能保持完整。这种侵蚀称为自然侵蚀，也称为地质侵蚀。在人类活动影响下，特别是人类严重地破坏了坡地植被后，由自然因素引起的地表土壤破坏和土地物质的移动，流失过程加速，即发生水土流失。

水土流失是地表径流在坡地上运动造成的。导致水土流失的原因有自然原因和人为原因。自然原因主要是由地貌、气候、土壤（地面组成物质）、植被等因素造成的。人为原因主要指地表土壤加速破坏和移动的不合理的生产建设活动，以及其他人为活动，如战乱等。引发水土流失的生产建设活动主要有陡坡开荒、不合理的林木采伐、草原过度放牧、开矿、修路、采石等。水土流失防治措施的基本原则是：减少坡面径流量，减缓径流速度，提高土壤吸水能力和坡面抗冲能力，并尽可能抬高侵蚀基准面。在采取防治措施时，应从地表径流形成地段开始，沿径流运动路线，因地制宜，步步设防治理，实行预防和治理相结合，以预防为主；治坡与治沟相结合，以治坡为主，工程措施与生物措施相结合，以生物措施为主。只有采取各种措施综合治理和集中治理，持续治理，才能奏效。

1.2.3 风能利用意义

风能是清洁的可再生能源，取之不尽，用之不竭。在所有新能源、可再生能源利用技术中，风力发电是技术最成熟、最具规模开发和商业发展前景的方式。发展风电对于改善能源结构、保护生态环境、保障能源安全和实现经济的可持续发展等方面有着极其重要的意义。

（1）能源供应问题

我国发展风电的必要性近期体现在以下几方面：

① 满足能源供应；

② 促进地区经济特别是西部地区的发展；

③ 改善中国以煤为主的能源结构；

④ 促进风机设备制造业的自主开发能力和参与国际市场竞争能力；

⑤ 减少温室气体排放。

着眼于全面协调可持续的科学发展，大力发展风电最现实最直接的意义在于以下4点。

① 减少温室气体排放 火力发电的外部成本主要是由其燃烧化石燃料时释放的气体所造成的，首当其冲的就是气候变化的最大元凶——二氧化碳。

风力发电是当前既能获得能源又能减少二氧化碳排放的最佳途径。目前中国的电源结构中 75％是煤电，排放污染严重，增加风电等清洁能源比重刻不容缓。尤其在减少二氧化碳等温室气体排放、缓解全球气候变暖方面，风电是有效措施之一。

根据国家发展和改革委员会的规划，至 2020 年中国国内风电总装机容量将达到 5000万千瓦，年发电量约为 1000 亿千瓦时以上，即每年能减少二氧化碳排放量为 6000 万吨以上，将在很大程度上有助于环境质量的改善。

② 减少二氧化硫排放 据中国国家环保总局的统计，中国环境对导致酸雨的二氧化硫的最大容量是 1200 万～1400 万吨，但如果按照目前对中国 2020 年能源前景的估测，中国届时将每年排放 2800 万吨二氧化硫，如不加以控制，无论对环境，还是对人民健康，这都将是一场灾难。显然发展风电可以在一定程度上减少这些有害气体的排放。

③ 提高能源利用效率，减轻社会负担 目前常规能源发电一般直接成本较低，电价低，但其社会成本包括运输、环境、资源等比风能发电高得多。建成一个 10 万千瓦规模的风力发电场所消耗的能量，风电场平均运行 4 个月多一点就可以完全补偿。如果风电场寿命按 20 年计算，则可以发出建设一个风电场所消耗的能量 58.8 倍的电力，这是一个相当大的能量效率值。可见，风力发电对于资源节约、环境保护的效益是十分显著的。

④ 满足电能供应 电能的应用极其广泛，可以说无时不有，无处不在。随着科学技

术的不断发展，人们对电能的依赖性越来越强。然而随着资源日益枯竭，传统发电方式很难满足人们的用电需求，供需矛盾必将日趋尖锐。要解决这一矛盾，必须寻求新的电能来源，风力发电、太阳能发电等清洁可再生能源发电必将承担起这一历史重任。

（2）风能利用的效益

风力发电已经被证明具有广泛的社会效益，这些效益除了环境效益以外，还有就业效益和脱贫致富等社会综合效益。

就业效益就是可以增加就业机会。任何一个新的工业都会为当地创造新的就业机会。例如内蒙古的辉腾锡勒风电场所在的县，财政收入的70%来自于风力发电。

总体来说，风电的环境和社会效益可以体现为：

① 减少气候变化和其他环境污染；

② 创造就业，促进经济增长和革新；

③ 能源供应多元化；

④ 提供能源安全，防止因获取自然资源而产生的冲突；

⑤ 通过增加能源获得减少贫困；

⑥ 提供对抗化石燃料价格上涨的工具；

⑦ 燃料免费、充足、永不耗竭。

风能安全、清洁，资源丰富取之不竭。不同于化石能源，风能是一种永久性的大量存在的本地资源，可以提供长期稳定的能源供应。它没有燃料风险，更没有燃料价格风险，而且风能的利用也不产生碳排放。

思考题

1-1 风能是如何形成的？

1-2 风能利用有哪几种方式？风力发电发展经历了几个阶段？

1-3 传统能源的发展为什么不容乐观？

1-4 21世纪的最主要能源有哪些？各自特点有哪些？

1-5 温室效应的危害是什么？

1-6 风能发电的社会与经济效益如何？

1-7 风能利用的意义是什么？

1-8 当前世界上风能利用激增的原因是什么？

第2章

风力发电原理与结构

2.1 风力发电技术

2.1.1 风力发电

风力发电没有燃料问题，也不会产生辐射或空气污染，是一种特别好的发电方式。小型风力发电系统效率很高，但它不是只由一个发电机头组成的，而是一个有一定科技含量的小系统：风力发电机＋充电器＋数字逆变器。风力发电机由机头、转体、尾翼、叶片组成。每一部分都很重要，叶片用来接受风力并通过机头转为电能；尾翼使叶片始终对着来风的方向，从而获得最大的风能；转体能使机头灵活地转动，以实现尾翼调整方向的功能；机头的转子是永磁体，定子绕组切割磁力线产生电能。

风力发电机因风量不稳定，故其输出的是 13～25V 变化的交流电，须经充电器整流，再对蓄电瓶充电，使风力发电机产生的电能变成化学能。然后用有保护电路的逆变电源，把电瓶里的化学能转变成交流 220V 市电，才能保证稳定使用。机械连接与功率传递水平轴风机桨叶，通过齿轮箱及其高速轴与万能弹性联轴器相连，将转矩传递到发电机的传动轴，此联轴器应按具有很好的吸收阻尼和振动的特性，表现为吸收适量的径向、轴向和一定角度的偏移，并且联轴器可阻止机械装置的过载。另一种为直驱型风机桨叶，不通过齿轮箱直接与电机相连的风机电机类型。

2.1.2 风力发电机原理

　　风力机是将风能转换为机械功的动力机械，又称风车。广义地说，它是一种以大气为工作介质的能量利用机械。风力发电利用的是自然能源，相对火电、核电等发电要更加绿色、环保。

　　风力发电的原理，是利用风力带动风车叶片旋转，再透过增速机将旋转的速度提升，来促使发电机发电。依据目前的风车技术，大约3m/s的微风速度（微风的程度）便可以开始发电。

2.2　风力发电机结构

　　水平轴式风力发电装置主要由以下几部分组成：风轮、停车制动器、传动机构（增速箱）、发电机、机座、塔架、调速器或限速器、调向器等，如图2-1所示。

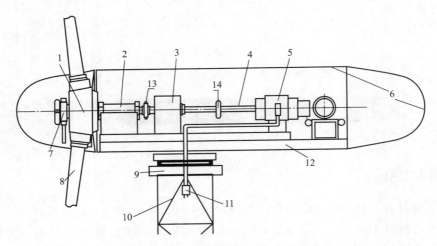

图 2-1　水平轴式风力发电装置结构简图

1—轮毂；2—低速轴；3—行星齿轮增速箱；4—高速轴；5—发电机；6—外罩；7—调速器；
8—桨叶片；9—调向机构；10—塔架；11—集电环；12—底架；13—刹车；14—偶合器

2.2.1　风轮

　　风力机是一种流体涡轮机械，与别的流体涡轮机械（如燃气轮机、汽轮机）的主要区别是风轮。高速风力机的风轮叶片特别少，一般由2～3个叶片和轮毂组成。风轮叶片的功能与燃气轮机、汽轮机的叶片功能相同，是将风的动能转换为机械能并带动发电机发电。

　　风力机叶片都要装在轮毂上，通过轮毂与主轴连接，并将叶片力传到风力机驱动的对象（发电机、磨机或水车等）。同时轮毂也实现叶片桨距角控制，故需有足够的强度。有些风力机采用定桨距角叶片结构，可以简化结构、提高寿命和降低成本。

（1）轮毂

轮毂可用铸钢或钢板焊接而成。铸钢的轮毂在加工前先要对铸件进行探伤，绝不允许存在夹渣、缩孔、砂眼、裂纹等缺陷，否则要重新浇铸。焊接的轮毂，焊缝必须经过超声波检查，并按桨叶可能承受的最大离心力载荷确定钢板的厚度。此外，还要考虑交变应力引起的焊缝疲劳。

（2）桨叶与轮毂的连接

桨叶与轮毂的连接通常有刚性和柔性两种。小、微型风力机一般都采用桨叶轴与风轮旋转轴相垂直的刚性连接方式。下风向布置的中、大型风力机，为了增大叶尖与塔架之间的净距，桨叶轴与主轴之间的角度往往小于90°，而使风轮在旋转时形一个锥面。这种有"预锥角"的连接方式，不仅可以减少塔影效应的影响，而且在正常运行时，桨叶的弯曲应力还会明显地减少，这是由于气动推力所产生的弯矩与离心力的作用相互抵消的结果。只要锥角选择得当（理想状态 $\tan\gamma = F_b - F_c$，见图2-2），其合成力矩可以为零，此时桨叶将只受拉应力的作用。假如桨叶与轮毂是铰接的，亦即"预锥角"γ 在旋转中是可变的，其补偿效果会更好一些。桨叶的"预锥角"一般取 50°～90°。大型的风轮风力机桨叶与轮毂的连接有的还采用柔性的跷跷板式结构，这种结构使桨叶在其旋转面前后 5°范围内可以自由地摆动，因而能有效地避开接近地面时风剪切的影响，其缺点是结构比较复杂。

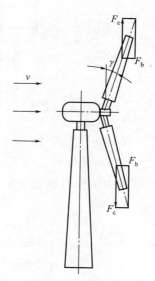

图 2-2 有"预锥角"的风轮

实践证明，桨叶与轮毂连接所用的螺栓，不仅材质要好，而且还要用双耳止动垫圈将螺母锁定才能有效地防止松动。

（3）桨叶轴的强度校核

作用于桨叶上的各种载荷中，桨叶轴所承受的应力是最大的，因此设计时必须进行强度校核。

在计算桨叶轴强度时，应考虑两种负荷情况。

① 桨叶位于水平方向　这时桨叶轴主要承受重量力矩 M_g、气动力矩 M_b、工作力矩 M_p 以及离心拉力 F_o 的作用，如图2-3所示。

危险断面 D 处的重量力矩（N·m）为

$$M_g = G_b(R_g - l) \tag{2-1}$$

式中　G_b——桨叶所受重力，N；

　　　R_g——桨叶重心到风轮中心的距离，m；

　　　l——桨叶轴危险断面到风轮中心的距离，m。

桨叶的气动力矩是气动推力所产生的弯矩，可用下式进行估算（N·m）

11

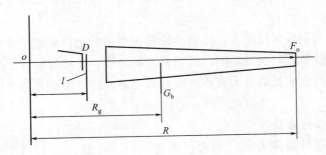

图 2-3 桨叶在水平位置示意图

$$M_b = F_b \left(\frac{2}{3} R - 1 \right) \tag{2-2}$$

式中 R——风轮半径，m；

F_b——桨叶所受的气动推力，N。

桨叶的工作力矩为（N·m）

$$M_p = 9555 \frac{P}{nB} \tag{2-3}$$

式中 P——风力机的轴功率，kW；

n——风轮的转速，r/min。

桨叶的离心力为（N）

$$F_c = m_b R_g \Omega^2 \tag{2-4}$$

式中 m_b——桨叶的质量，kg；

Ω——风轮旋转角速度，s^{-1}。

桨叶轴在水平位置时危险断面的应力为（N/cm²）

$$\sigma = \frac{\sqrt{(M_g + M_p) + M_b^2}}{W_b} \times 100 + \frac{F_c}{A_b} \tag{2-5}$$

式中 W_b——桨叶轴危险断面的抗弯截面模数，cm³；

A_b——桨叶轴危险断面的面积，cm²。

② 桨叶轴位于垂直方向　旋转着的风力机，当风向突然改变时，它还将绕塔架中心回转而自动迎风。此时风力机的主要部件除受到正常的载荷 M_p、M_b、G_b 和 F_c 作用外，还承受因回转而产生的附加力矩-陀螺力矩的作用。桨叶轴的陀螺力矩为（N·m）

$$M_d = 2J_b \Omega \omega \sin \Omega t \tag{2-6}$$

式中 J_b——桨叶的转动惯量，kg·m²；

ω——风轮绕塔架中心的回转角速度，s^{-1}。

从式（2-6）不难看出：M_d 随桨叶在空间的方位而变化（图 2-4）。当桨叶在水平位置时 $M_d = 0$，在垂直方向时达到最大值，此时

$$M_d = 2J_b \Omega \omega \tag{2-7}$$

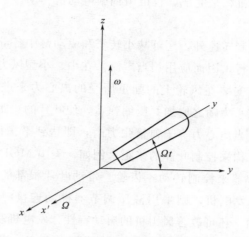

图 2-4　桨叶在空间的方位变化

M_d 矢的方向垂直于自转角速度矢和进动角速度矢所组成的平面，并力图使自转角速度矢沿最短的路径与进动角速度矢重合，亦即垂直于 Ω 和 ω 所组成的平面，并力图使 Ω 转向 ω。

2.2.2　调速器和限速装置

用调速器和限速装置实现风力机在不同风速时，转速恒定和不超过某一最高转速限值。当风速过高时，这些装置还用来限制功率，并减小作用在叶片上的力。调速器和限速装置有三类：偏航式，气动阻力式和变桨距角式。

（1）偏航式

小型风力机的叶片一般固定在轮毂上，不能改变桨距角。为了避免在超过设计风速太多的强风时，风轮超速甚至吹毁叶片，常采用使整个风轮水平或垂直转角的办法，以便偏离风向，达到超速保护的目的。这种装置的关键，是把风轮轴设计成偏离轴心一个水平或垂直的距离，从而产生一个偏心距。相对的一侧安装一副弹簧，一端系在与风轮成一体的偏转体上，一端固定在机座底盘或尾杆上。预调弹簧力，使在设计风速内风轮偏转力矩小于或等于弹簧力矩。当风速超过设计风速时，风轮偏转力矩大于弹簧力矩，使风轮向偏心距一侧水平或垂直旋转，直到风轮受的力矩与弹簧力矩相平衡。在遇到强风时，可使风轮转到与风向相平行，以达到风轮停转。

（2）气动阻力式

将减速板铰接在叶片端部，与弹簧相连。在正常情况下，减速板保持在与风轮轴同心的位置；当风轮超速时，减速板因所受的离心力对铰接轴的力矩，大于弹簧张力的力矩，从而绕轴转动成为扰流器，增加风轮阻力起到减速作用。风速降低后，它们又回到原来位置。利用空气动力制动的另一种结构，是将叶片端部（约为叶片总面积的 1/10）设计成可绕径向轴转动的活动部件。正常运行时，叶尖与其他部分方向一致，正常做功。当风轮超速时，叶尖可绕控制轴转 60°或 90°，从而产生空气阻力，对风轮起制动作用。叶尖的旋转可利用螺旋槽和弹簧机构来完成，也可由伺服电动机驱动。

（3）变桨距角式

采用变桨距角除可控制转速外，还可减小转子和驱动链中各部件的压力，并允许风力机在很大的风速下还能运行，因而应用相当广泛。在中、小型风力机中，采用离心调速方式比较普遍，利用桨叶或安装在风轮上的配重所受的离心力来进行控制。风轮转速增加时，旋转配重或桨叶的离心力随之增加并压缩弹簧，使叶片的桨距角改变，从而使受到的风力减小，以降低转速。当离心力等于弹簧张力时，即达到平衡位置。在大型风力机中，常采用电子控制的液压机构来控制叶片的桨距。例如，美国 MOD20 型风力发电机利用两个装在轮毂上的液压调节器来控制转动主齿轮，带动叶片根部的斜齿轮来进行桨距角调节；美国 MOD21 型风力发电机，则采用液压调节器推动连接叶片根部的连杆来转动叶片，这种叶片桨距角控制，还可改善风力机的启动特性、发电机联网前的速度调节（减少联网时的冲击电流）、按发电机额定功率来限制转子气动功率，以及在事故情况下（电网故障、转子超速、振动等）使风力发电机组安全停车等。

2.2.3 调向装置

风力机可设计成顺风向和逆风向两种形式，一般大多为逆风向式。顺风向风力机的风轮能自然地对准风向，因此一般不需要进行调向控制（对大型的顺风向风力机，为减轻结构上的振动，往往也有采用对风控制系统的）。逆风向风力机则必须采用调向装置，常用的有以下几种。

（1）尾舵调向

主要用于小型风力发电装置，如图 2-5 所示。它的优点是能自然地对准风向，不需要特殊控制。尾舵面积 A' 与风轮扫掠面积 A 之间应符合下列关系：

$$A' = 0.16A\,\frac{e}{l} \qquad\qquad (2\text{-}8)$$

式中　e——为转向轴与风轮旋转平面间的距离；

　　　l——为尾舵中心到转向轴的距离。

尾舵调向装置结构笨重，因此很少用于中型以上的风力机。

（2）侧风轮调向

在机舱的侧面安装一个小风轮，其旋转轴与风轮主轴垂直。如果主风轮没有对准风向，则侧风轮会被风吹动，产生偏向力，通过蜗轮蜗杆机构使主风轮转到对准风向为止。

（3）风向跟踪装置调向

对大型风力发电机组，一般采用电动机驱动的风向跟踪装置来调向。整个偏航系统由电动机及减速机构、偏航调节系统和扭缆保护装置等部分组成。偏航调节系统包括风向标和偏航系统调节软件。风向标对应每一个风向，都有一个相应的脉冲输出信号，通过偏航系统软件确定其偏航方向和偏航角度，然后将偏航信号放大传送给电动机，通过减速机构转动风力机平台，直到对准风向为止。如机舱在同一方向偏航超过 3 圈以上时，则扭缆保护装置动作，执行解缆。当回到中心位置时解缆停止。

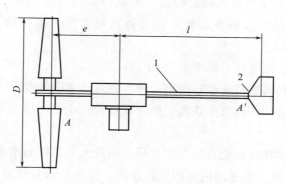

图 2-5　尾舵调向原理

1—尾杆；2—尾翼

2.2.4 传动机构

风力发电机的传动机构一般包括低速轴、高速轴、增速齿轮箱、联轴器和制动器等（图 2-6）。但不是每一种风力机都必须具备所有这些环节，有些风力机的轮毂直接连接到齿轮箱上，就不需要低速传动轴。也有一些风力机（特别是小型风力机）设计成无齿轮箱的，风轮直接驱动发电机。

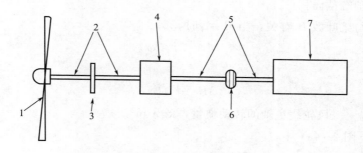

图 2-6　风力发电机传动机构

1—风轮；2—低速传动轴；3—刹车盘；4—增速齿轮箱；5—高速传动轴；6—偶合器；7—发电机

风力机所采用的齿轮箱一般都是增速的，大致可以分为两类，即定轴线齿轮传动和行星齿轮传动。"定轴线齿轮传动"结构简单，维护容易，造价低廉。"行星齿轮传动"具有传动比大、体积小、重量轻、承载能力大、工作平稳和在某些情况下效率高等优点，缺点是结构相对较复杂，造价较高。

（1）主轴（低速轴）

① 主轴与风轮的连接　风轮通过键把转矩传到主轴上。小、微型风力机一般采用单键，中、大型风力机可根据传递转矩的大小选用单键或双键。如采用双键，两个键的位置应错开180°。实践证明主轴与轮毂的连接部分最好要有 1:10 的锥度，亦即轴端最好呈圆锥形。这种结构不仅装配牢固、拆卸方便，而且还避免了圆柱形轴端应力集中的影响。锁定风轮用的轴端螺母，究竟采用右旋螺纹还是左旋螺纹，要视风轮的

15

转向而定。如果顺风看风轮是顺时针旋转，则螺母要用左旋螺纹，反之要用右旋螺母，因为只有这样才能保证风力机在旋转中螺母越转越紧而不致松脱。为安全起见，螺母上最好还应有止动垫圈。

主轴的材料，小、微型风力机多采用 45 钢，而中、大型风力机可选用 40Cr 或其他高强度的合金钢，这两种材料都要经过调质处理。因为经调质处理后的钢材能获得强度、塑性、韧性三方面都较好的综合力学性能，所以设计时，在主轴加工图上必须注明这一技术要求。

主轴上的推力轴承应按风轮在运行中所承受的最大气动推力来选取。

② 主轴的强度校核　根据国内外的实践经验，低速轴的直径通常取风轮直径的 1%，亦即 $d=0.01D$。若按这一标准设计，其强度一般是有保证的。作用在主轴上的主要负载有工作转矩 M_p，风轮的陀螺力矩 M_r，以及风轮所受的重力 G_r。轴端所承受的合成应力为（N/cm^2）

$$\sigma = \frac{\sqrt{M_p^2 + M_r^2}}{W_a} \times 100 + \frac{G_r}{A_a} \qquad (2\text{-}9)$$

式中　M_r——风轮的陀螺力矩，N·m；

$\quad\quad G_r$——风轮所受重力，N；

$\quad\quad W_a$——轴端抗弯截面模数，cm^3；

$\quad\quad A_a$——轴端截面积，cm^2。

M_r 的大小与桨叶数 B 有关，当 $B=2$ 时，

$$M_r = 2J_r\Omega\omega \qquad (2\text{-}10)$$

当 $B \geqslant 3$ 时，

$$M_r = J_r\Omega\omega \qquad (2\text{-}11)$$

式中　$J_r = BJ_b$——风轮绕主轴的转动惯量，kg·m^2。

如用单键［图 2-7(a)］

$$W_a = \frac{\pi d^3}{32} - \frac{bt(d-t)^2}{2d} \qquad (2\text{-}12)$$

若用双键［图 2-7(b)］

$$W_a = \frac{\pi d^3}{32} - \frac{bt(d-t)^2}{d} \qquad (2\text{-}13)$$

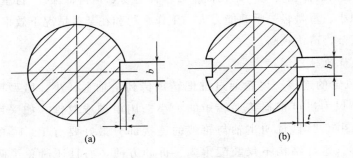

图 2-7　主轴的键槽

式中 b——键槽宽度，cm；

　　　t——键槽深度，cm。

倘若轴端呈圆锥形，其 d 为平均值。

（2）增速器

与风力机匹配的增速器，不仅要体积小、重量轻、效率高、噪声小，而且还应载荷能力大，启动力矩小。鉴于这些要求，所以风力机增速器的选择至关重要。

实现增速的方法很多，最常用的有齿轮、皮带轮和链轮传动三种，现将其优缺点及使用范围分述如下。

① 齿轮传动　齿轮传动由于基本上能满足增速器的上述要求，所以在风力机上获得了最广泛的应用。齿轮增速器通常有图 2-8～图 2-12 所示的五种，比较分析如下。

a. 二级圆柱齿轮增速器（图 2-8）和同轴式齿轮增速器（图 2-9），加工工艺和装配结构均较简便，维护也比较简单。但体积大、结构笨重、效率也低，且二级圆柱增速器的载荷在齿宽上分布不均匀，输入与输出轴又不在一条直线上，安装、使用不很方便。同轴式中间轴承的润滑较困难，高速轴齿轮的能力未得到充分的发挥。作为风力发电用的增速器，尤其是功率较大时，这两种增速器显然有其不足之处。

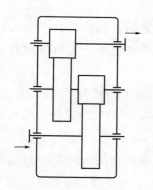

图 2-8　二级圆柱齿轮增速器

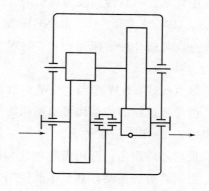

图 2-9　同轴式齿轮增速器

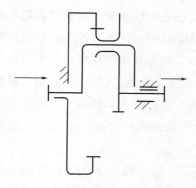

图 2-10　NW 型行星齿轮增速器

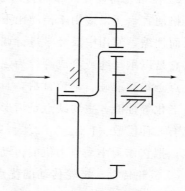

图 2-11　NGW 型行星齿轮增速器

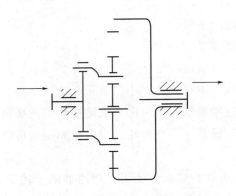

图 2-12　少齿差行星齿轮增速器

　　b. 少齿差行星齿轮增速器（图 2-12），结构紧凑，体积小，重量轻，且由于它采用内啮合传动，综合曲率半径大，接触强度高，运转平稳，噪声也小。若采用短齿制，其弯曲强度较高，效率也较高。但少齿差传动结构和计算均较复杂，且行星架轴承受力大，寿命也短，输出机构的精度要求也比较高。此外，对风力发电机组而言，少齿差传动参数选择的范围较窄，不易找到较为理想的合理参数的结构。

　　c. NW 型（图 2-10）与 NGW 型（图 2-11）行星齿轮增速器，同样具有少齿差传动的优点。与前几种增速器相比，NW 型与 NGW 型可以增加浮动机构，从而使轮齿受载均匀。

　　综上所述，NW 型与 NGW 型行星齿轮增速器用在风力发电上是较为合适的。

　　齿轮增速器的传动比可根据风轮与发电机的转速之比确定，而功率则要按风力机输出功率的 1.2～1.5 倍数考虑。

　　最后还应指出：选用齿轮增速器时，要注意其输入轴与输出轴的方向是一致还是相反，否则将造成被动，甚至不能使用。此外，如要求的传动比与标准值相差太大，最好委托齿轮专业厂制造，而不要擅自请一般工厂加工，因为非专业工厂生产的齿轮，往往达不到精度要求，而且热处理质量也不一定有保证，这一点需引起注意。

　　② 皮带轮传动　皮带轮传动通常有三角皮带和同步齿形皮带两种。前者的主要优点是价格便宜，所以多用于传动比不很大的微型风力机上。它的致命缺点是长度会随气温的高低而伸缩，使用中要经常进行调整，否则不是打滑就是过紧。后者实质上是带齿的平皮带，它是以钢丝绳或合成纤维为强力层，以聚氨酯或氯丁胶为基体的皮带。同步齿形皮带的优点是传动准确、不会打滑，且可以在低速下传递动力。此外，它还具耐油、耐磨以及抗老化等性能。主要缺点是齿形加工复杂、安装要求严格，且成本较高。上海胶带厂目前已有 8 种模数（1.5、2、2.5、3、4、5、7、10）的产品出售。权衡同步齿形皮带的优缺点，把它作为小型风力机的传动装置还是可以的。

　　③ 链轮传动　链轮传动的优点是滑动少、效率高，且能在低速下使用，若用高速场合，通常会有振动与噪声。此外，还要解决链条的润滑、密封以及拉紧等问题，因而实用的价值不是很大，目前在风力机增速传动上已不多见了。

总之，风力机的增速机构究竟采用哪一种形式，要视具体情况而定。比如齿轮传动尽管优点很多，但其价格较高，所以直径 2m 以下的微型风力机最好尽量不要采用，否则将使塔架上方的重量增加，整机造价提高。此外，设计时还要牢牢记住：尽可能选用市场上能买到的标准产品，这样不仅价格要比非标准的便宜，而且一旦发生故障或超过使用年限需要更换部件时，由于备品容易采购，故检修期可以缩短，因而停机带来的损失相对也就小一些。

　　（3）联轴器

　　传动装置中的联轴器最好选用尼龙柱销式。它不仅具备结构简单，制造容易，经久耐用和维护方便等优点，而且还有缓冲减振的功能，因此用在风力机上十分合适。尼龙柱销联轴器的设计业已标准化，可选用 HL 系列，柱销的材料应为尼龙 6，其力学性能要符合规定。

2.2.5　塔架

　　风力机的塔架除了要支撑风力机的重量外，还要承受吹向风力机和塔架的风压，以及风力机运行中的动载荷。它的刚度和风力机的振动特性有密切关系，特别对大、中型风力机的影响更大。塔架和基础是风力发电机组的主要承载部件。其重要性随着风力发电机组的容量增加，高度增加，愈来愈明显。在风力发电机组中塔架的重量占风力发电机组总重的 1/2 左右，其成本占风力发电机组制造成本的 15% 左右，由此可见塔架在风力发电机组设计与制造中的重要性。

　　由于近年来风力发电机组容量已达到 5MW，风轮直径达 126m，塔架高度达 100m。在德国，风力发电机组塔架设计必须经过建筑部门的批准和安全证明。

2.2.6　附属设备

　　为了使风力机能正常地运转，塔架上方除风轮、传动装置、对风装置以及调速机构外，还应配备一些必不可少的附属部件，如机舱、机座、回转体以及制动装置等。本节将逐一进行讨论。

　　（1）机舱

　　风力机长年累月在野外运转，不但要经受狂风暴雨的袭击，还时刻面临尘砂磨损和盐雾侵蚀的威胁。为了使塔架上方的主要设备及附属部件（桨叶及尾舵或舵轮除外）免受风砂、雨雪、冰雹以及盐雾的直接侵害，往往用罩壳把它们密封起来，这罩壳就是"机舱"。

　　机舱要设计得轻巧、美观并尽量带有流线型，下风向布置的风力发电机组尤其需要这样，最好采用重量轻、强度高而又耐腐蚀的玻璃钢制作；也可直接在金属机舱的面板上相间敷以玻璃布与环氧树脂以形成"土"的玻璃钢保护层。小型风力机的机舱尚可用角钢作骨架，用镀锌钢板或塑料复合薄钢板作面板。倘若用普通薄钢板作面板，则要先经过除锈处理后，再刷上耐腐蚀的冷固型环氧树脂漆，并要定期进行维护保养。

小型风力机的机舱，上半中间部分应有能拉开或掀起的活动舱盖，以便停机时可对机舱内有关设备进行检查或向增速器加油。对中、大型风力机，在下机舱的后半部最好要有吊孔，大小至少要保证发电机转子和增速器的大齿轮能由此进出，否则将给机舱内大部件的检修造成困难，这一点在机舱设计时务必注意，并设法尽量做到。

（2）机座

机座用来支撑塔架上方风力机的所有设备及附属部件，它牢固与否将直接关系到整机的安危和使用寿命。

机座的设计要与整体布置统一考虑，在满足强度和刚度要求的前提下，应力求耐用、紧凑、轻巧。小、微型风力机由于塔架上方设备少、重量轻、机座实质上就是由底板再焊以适当的加强肋构成。中、大型风力机的机座相对来讲要复杂一些，它通常由纵梁、横梁为主，再辅以台板、腹板、肋板等焊接而成。焊接时必须严格根据焊接工艺施焊，并采取必要的技术措施以减少变形。主要焊缝需经探伤检查，决不允许有未熔合、未焊透，更不得有裂纹、夹渣、气孔等缺陷。焊好后还要进行校正、找平等工作。台板面应统一刨平，而后由熟练的钳工划线钻地脚螺栓孔。如要在机座上焊以吊架，则要预先设计好并在台板面刨之前焊好。台板面一经刨平，绝不允许再对机座进行焊接作业，机座制作完毕，除台板面外，其余部分均要刷上防锈漆。

传动装置与发电机等主要设备在机座上安装就位并找好中心后，应再铰孔并打上定位销。

（3）回转体

回转体实际上就是机座与塔架之间的连接件。通常由固定套、回转圈以及位于它们之间的轴承组成。固定套锁定在塔架上部，而回转圈则与机座相连。这样通过它们之间的轴承作用，风力机在风向变化时，就能绕其回转而自动迎风。

作用到回转体上的不仅有塔架上方所有设备与附属部件的重量，而且还有作用于风轮及回转体本身上的气动推力，因此回转体选用的轴承，应该既能承受轴向力又能承受径向力。中、大型风力机的回转设备通常借用塔式吊车上的回转机构，这种机构所采用的交叉轴承可以同时承受轴向和径向的联合载荷，所以用到风力机上完全可以满足要求。小型风力机的回转体通常是在上下各设一个轴承，这两个轴承都可以选用圆锥滚子轴承（图2-13），也可以上面用向心球轴承以承受径向载荷，而下面用推力轴承来支撑塔架上方的全部重量。微型风力机由于塔架上方设备的重量往往不足100kg，如回转体也采用滚动轴承，则会造成风力机对风向的变化过于敏感，致使风轮频繁地回转，这样不但不能充分地捕捉风能，而且还会使部件的寿命缩短。所以，微型风力机的回转体不宜采用滚动轴承，而要用青铜加工的轴套。

（4）制动装置

制动装置或称刹车机构，是风力机极为重要的附属部件，它保证风力机在维修或大风期间风轮处于制动状态，而不致盲目旋转。

刹车机构可以装在低速轴上，也可以设在高速轴上。低速轴上的制动力矩比高速轴大

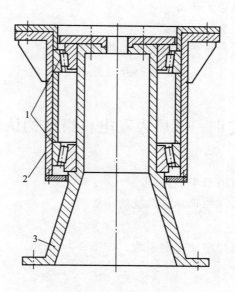

图 2-13　回转体

1—轴承；2—回转圈；3—固定套

i 倍（i 为增速比），因此它的刹车机构大一些。低速轴一经"抱闸"，风轮、传动装置以及发电机等都转动不起来，人们可以放心地在机舱里进行增速器、发电机以及其他部件的检查或维修。如刹车机构设置在高速轴上，虽然制动力矩比低速轴小许多，但增速器一旦解体检查，对低速轴还要施以临时制动，这就不怎么方便了。因此，刹车机构究竟安放在哪里？在设计时要经过认真比较后再作决定。

　　小、微型风力机的刹车机构一般都安放在低速轴上，而且往往都采用带式制动器，经过一套滑轮组把刹车绳从回转体中间引下来。开机前先松开制动，停机后再施以抱闸的操作，均可在地面上通过刹车绳得以实现。为了使小、微型风力机的尾舵具有对风与折尾两种功能，尾杆与机座的连接要采用铰接，而不是刚性连接的方式。这种系统的刹车与折尾可以做成联动的，拉紧刹车绳后，既可实现折尾，又能达到抱闸制动之目的。反之，放松刹车绳，可同时实现松闸刃与对风。

　　滑轮的材料尽量不用钢，最好用耐磨的尼龙 6 车制，因钢制滑轮与销轴一旦锈蚀就会卡涩，而转动不起来。

　　中、大型风力机的刹车机构可选用 YWZ 型液压式或 YDWZ 型液压电动式制动器，从地面进行遥控。倘若机组采用液压变距调节，则最好配备以嵌盘式液压制动器，因为两者可共用一个液压泵，使系统更加简单、紧凑。

思考题

2-1　简述风力发电原理。

2-2　风力发电有何特点？

2-3 风电机组发展趋势是什么?

2-4 风力机有哪两大类?

2-5 水平轴风力发电机组装置由哪几部分组成?

2-6 风力机风轮是如何构成的? 各部分的作用是什么?

实训一 风力发电机组结构认识

一、实训目的

① 了解风力发电机组的基本结构。

② 熟悉风力发电的基本原理和各系统的功能。

二、实训设备

① 水平轴风力发电机组缩比控制系统,如图 2-14 所示。

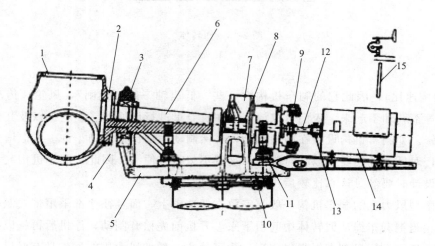

图 2-14 风电机组缩比系统装置简图

1—轮毂;2—轮毂安装法兰;3—前轴承座;4—前轴承;5—机舱底板;6—低速轴;7—齿轮箱;8—齿轮箱座;
9—闸;10—偏航闸;11—偏航驱动;12—高速轴;13—安全联轴器;14—发电机;15—冷却器

② 仪器仪表工具一套。

三、实训内容

① 了解风电机组缩比系统的功能和各系统的功能。

② 了解风力发电的工作原理。

四、实训步骤

① 风力发电系统组成:详细阅读实验台的使用手册,熟悉实验台各个部分的功能,能够进行熟练的操作。

② 风力发电的原理:利用风力带动风车叶片旋转,再透过增速机将旋转的速度提升,来促使发电机发电。依据目前的风车技术,大约是 3m/s 的风速度便可以开始发电。它主要包含风轮、齿轮箱以及发电机三个部分。

③ 风力发电机因风量不稳定，故其输出的是变化的交流电，需经控制器整流，再对蓄电瓶充电，使风力发电机产生的电能变成化学能。

④ 检查连线是否连接完好，按风电平台使用手册说明接上电源，开启电脑上位机程序。

⑤ 启动缩比系统，熟悉各个按钮的作用。

五、实训思考题

① 风力发电机组主要有几个系统？每个系统的作用是什么？

② 叙述风力发电机组的能量转换过程。

六、实训报告要求

学生通过实训完成实训报告。实训报告的要求如下：

① 实训班级姓名；

② 实训内容及步骤；

③ 实训中遇到的问题及解决方法；

④ 实训体会。

实训二　风速风向检测实验

一、实训目的

① 了解风力发电机组风向风速测量方法及测量原理。

② 学会使用风向标风速仪等测量仪器。

③ 观察不同风速变化下缩比风力发电机组的运行过程。

二、实训设备

风向标，风速仪，缩比风力发电机组。

三、实训内容

① 安装风向标风速仪。

② 掌握风向标风速仪的工作过程。

③ 记录在不同风速下变桨系统、偏航系统等的工作过程。

四、实训步骤

① 仔细阅读风向标风速仪的安装使用说明书，将风向标风速仪安装在缩比风力发电机组上，把风向标风速仪和控制系统连接起来。

② 启动缩比风力发电机组，检查缩比系统的各系统状态。

③ 打开鼓风机，按一定规律改变风速，观察在风速变化下缩比风力发电机组变桨系统、偏航系统等的变化，记录下各参数变化。

五、实训思考题

① 风向表风速仪的工作原理是什么？

② 随着风速逐渐变大，桨叶角如何变化？风机的启动风速和什么有关？

六、实训报告要求

学生通过实训完成实训报告。实训报告的要求如下：

① 实训班级姓名；

② 实训内容及步骤；

③ 实训中遇到的问题及解决方法；

④ 实训体会。

第3章

变桨系统

随着风力发电机单机容量的大型化，变桨距控制风力发电技术，因其高效性和实用性正受到越来越多的重视。

3.1 变桨系统综述

变桨距风力发电机组中，叶片的桨距角可以自动进行调节。当风力发电机启动时，可以通过变距来获得足够的启动转矩；当风速过高时，叶片可以沿着纵轴方向旋转，以改变气流对叶片的攻角，从而改变风力发电机获得的空气动力转矩，控制风轮能量吸收，以保持一定的输出功率。变桨距调节的优点是机组启动性能好，输出功率稳定，机组结构受力小，停机方便安全；缺点是增加了变桨距装置，增加了故障概率，控制程序比较复杂。

变桨距风力发电机比定桨距风力发电机更具发展优势，因此变桨距调节成为大型风力发电机的最佳选择。变桨距调节提供了较好的输出功率品质，并且每一叶片调节器的独立调桨技术可看作是一个独立的制动系统，并可以独立调节。通过控制发电机的转速，能使风力发电机的叶尖速比接近最佳值，在不同风力、风向和风速下运行，最大限度地利用风能，提高发电机的运行效率。

3.1.1 变桨系统基本原理

变桨距是指风力发电机安装在轮毂上的叶片，借助控制技术和动力系统改变桨距角的大小改变叶片气动特性，使桨叶在整机受力状况大为改善。变桨距机构就是在额定风速附近（以上），依据风速的变化随时调节桨距角，控制吸收的机械能，一方面保证获取最大的能量（与额定功率对应）。同时减少风力对风力机的冲击。在并网过程中，还可以实现快速无冲击并网。变桨距控制与变速恒频技术相配合，最终提高了整个风力发电系统的发电效率和电能质量。

（1）变桨系统的作用

变桨控制系统是通过改变叶片迎角，实现功率变化来进行调节的。通过在叶片和轮毂之间安装的变桨驱动电机带动回转轴承转动，从而改变叶片迎角，由此控制叶片的升力，以达到控制作用在风轮叶片上的扭矩和功率的目的。在 90°迎角时是叶片的工作位置。在风力发电机组正常运行时，叶片向小迎角方向变化而达到限制功率。一般变桨角度范围为 0～90°。

采用变桨距调节，风机的启动性好、刹车机构简单，叶片顺桨后风轮转速可以逐渐下降、额定点以前的功率输出饱满、额定点以后的输出功率平滑、风轮叶根承受的动、静载荷小。变桨系统作为基本制动系统，可以在额定功率范围内对风机速度进行控制。

变桨控制系统有 4 个主要任务：

① 通过调整叶片角把风机的电力速度控制在规定风速之上的一个恒定速度；

② 当安全链被打开时，使用转子作为空气动力制动装置，把叶子转回到羽状位置（安全运行）；

③ 调整叶片角以规定的最低风速从风中获得适当的电力；

④ 通过衰减风转交互作用引起的振动使风机上的机械载荷极小化。

（2）变桨系统工作原理

① 变桨系统桨距调节 当风电机组达到运行条件时，控制系统命令调节桨距角调到 50°，当叶轮转速达到 1.5r/min 时，再调节到 0°，使叶轮具有最大的启动力矩，直到风力机组达到额定转速并网发电。

在运行过程中，当输出功率小于额定功率时，桨距角保持在 0°位置不变，不做任何调节。

当发电机输出功率达到额定功率以后，调节系统根据输出功率的变化调整桨距角的大小，改变气流对叶片的攻角，从而改变风力发电机组获得的空气动力转矩，使发电机的输出功率保持在额定功率。

② 顺桨停机保护 变桨系统不仅实现风机启动和运行时的桨距调节，还实现了风力发电机组的刹车系统的作用。

在正常停机和快速停机的情况下，变桨系统将叶片变桨到 89°，使叶轮逐渐停转。

在三级故障或安全链断开的情况下，在变桨系统的帮助下进行紧急停机，每一个叶片分别由各自的蓄电池控制完成顺桨操作，即使叶片碰到 91°限位开关，利用叶片的气动刹车，起到安全保护作用。

3.1.2 变桨系统的主要部件

变桨系统主要组成零部件有轮毂、变桨轴承、变桨驱动装置、叶片锁定装置、指针、撞块以及变桨控制系统等。

（1）轮毂

轮毂是风力发电机组中重要的零部件，体积较大，安装不便。为了提高轮毂的安全性和可靠性，必须保证轮毂在承受静载荷和高应力情况下，具有可靠的强度、刚度、抗疲劳破坏的能力和足够的疲劳寿命。

① 轮毂的作用　变桨系统的所有部件都安装在轮毂上。风机正常运行时所有部件都随轮毂以一定的速度旋转。变桨系统通过控制叶片的角度来控制风轮的转速，进而控制风机的输出功率，并能够通过空气动力制动的方式使风机安全停机。风机的叶片（根部）通过变桨轴承与轮毂相连，每个叶片都要有自己的相对独立的电控同步的变桨驱动系统。

轮毂在大型风力发电机传动系统中连接叶片和主轴，承受复杂的交变载荷，这对轮毂强度提出很高的要求。为了满足强度要求，有些轮毂设计得非常笨重而且巨大，轮毂过重增加了制造成本，同时转动惯量过大增加了系统控制难度，因此对轮毂结构优化设计很重要。

② 轮毂的结构　由于风力发电机组叶片上所承受的复杂的静动载荷直接通过叶片轴承传递到轮毂上，所以轮毂的受力情况非常复杂。由于轮毂上带有法兰盘、3个检查孔，当承受交变载荷时，法兰盘和检查孔处由于形状和结构突变，很容易造成应力集中。轮毂可以是铸造结构，如图3-1所示，也可是焊接结构。轮毂的常用形式主要有刚性轮毂和铰链式轮毂（柔性轮毂或跷跷板式轮毂），刚性轮毂由于制造成本低、维护少、没有磨损，三叶片风轮一般采用刚性轮毂。刚性轮毂安装、使用和维护较简单，日常维护工作较少，只要在设计时充分考虑轮毂的防腐蚀问题，基本上可以说是免维护的，是目前使用最广泛的一种形式。在设计中，应保证轮毂有足够的强度，并力求简单，提高寿命，而且能有效降低成本。

③ 轮毂的主要材料　风电机组运行在随机变化的自然环境中，受力情况非常复杂。由于风电机组的大型化，结构的变形也更加显著，因此风电机组的主要部件的静力学问题

图3-1　风力发电机轮毂结构图

和动力学问题将更加突出。从国外的风电机组的运行实际情况来看，风电机组静动特性问题研究不足，将造成风电机组不能正常运行，甚至失效毁坏。因此有必要对风电机组及其零部件的静动特性进行更加深入的研究。

其材料可以是铸钢，也可以采用高强度球墨铸铁。由于高强度球墨铸铁具有不可替代的优越性，如铸造性能好、容易铸成、减振性能好、应力集中敏感度低、成本低等，在风力发电机组中大量采用高强度球墨铸铁作为轮毂的材料。

（2）变桨轴承

变桨轴承安装在轮毂上，通过外圈螺栓固定。其内齿圈与变桨驱动装置啮合运动，并与叶片连接。

① 变桨轴承工作原理　当风向发生变化时，通过变桨驱动电机带动变桨轴承转动，从而改变叶片对风向的迎角，使叶片保持最佳的迎风状态，由此控制叶片的升力，以达到控制作用在叶片上的扭矩和功率的目的。

② 变桨轴承结构　从剖面图 3-2 可以看出，变桨轴承采用深沟球轴承。深沟球轴承主要承受纯径向载荷，也可承受轴向载荷。承受纯径向载荷时，接触角为零。

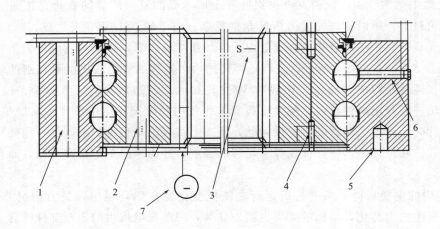

图 3-2　变桨轴承结构剖面图

位置 1：变桨轴承外圈螺栓孔，与轮毂连接。

位置 2：变桨轴承内圈螺栓孔，与叶片连接。

位置 3：S 标记，轴承淬硬轨迹的始末点，此区轴承承受力较弱，要避免进入工作区。

位置 4：位置工艺孔。

位置 5：定位销孔，用来定位变桨轴承和轮毂。

位置 6：进油孔，在此孔打入润滑油，起到润滑轴承作用。

位置 7：最小滚动圆直径的标记（啮合圆）。

③ 变桨轴承的维护

a. 检查变桨轴承表面清洁度。

b. 检查变桨轴承表面防腐涂层。

c. 检查变桨轴承齿面情况。

d. 变桨轴承螺栓的紧固。

e. 变桨轴承润滑。

（3）变桨驱动装置

① 变桨驱动装置由变桨电机和变桨齿轮箱两部分组成。变桨驱动装置通过螺柱与轮毂配合连接。变桨齿轮箱前的小齿轮与变桨轴承内圈啮合，并要保证啮合间隙应在 0.2～0.5mm 之间，间隙由加工精度保证，无法调整。

② 变桨齿轮箱必须为小型并且具有高过载能力。齿轮箱不能自锁定以便小齿轮驱动。为了调整变桨，叶片可以旋转到参考位置、顺桨位置，在该位置叶片以大约双倍的额定扭矩瞬间压下止挡。这在一天运行之中可以发生多次。通过短时间使变频器和电机过载来达到要求的扭矩。齿轮箱和电机是直联型。变桨电机是含有位置反馈和电热调节器的伺服电动机。电动机由变频器连接到直流母线供给电流。

③ 驱动装置图（图 3-3）

位置 1：压板用螺纹孔，用于安装小齿轮压板。

位置 2：驱动器吊环，用于起吊安装变桨驱动器。

位置 3：螺柱，与轮毂连接用。

位置 4：电机接线盒。

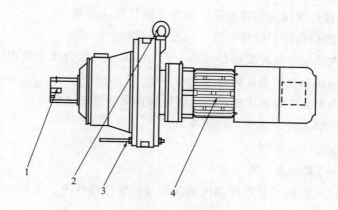

图 3-3　驱动装置示意图

④ 驱动装置维护

a. 检查变桨驱动装置表面清洁度。

b. 检查变桨驱动装置表面防腐层。

c. 检查变桨电机是否过热、有异常噪声等。

d. 检查变桨齿轮箱润滑油。

e. 检查变桨驱动装置螺栓紧固。

（4）顺桨接近撞块和变桨限位撞块

① 变桨限位撞块安装在变桨轴承内圈内侧，与缓冲块配合使用。

② 当叶片变桨趋于最大角度的时候，变桨限位撞块会运行到缓冲块上起到变桨缓冲作用，以保护变桨系统，保证系统正常运行。参阅图 3-4。

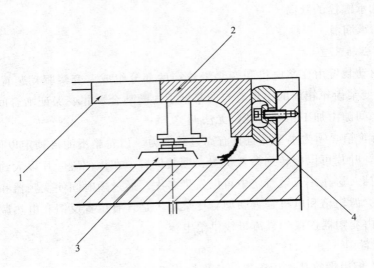

图 3-4   撞块结构图

1—变桨限位撞块；2—顺桨接近撞块；3—顺桨感光装置；4—缓冲块

位置 1：变桨限位撞块与变桨轴承连接时定位导向螺钉孔。

位置 2：顺桨接近撞块安装螺栓孔，与变桨限位撞块连接。

位置 3：变桨限位撞块安装螺栓孔，与变桨轴承连接。

③ 顺桨接近撞块安装在变桨限位撞块上，与顺桨感光装置配合使用。

④ 顺桨接近撞块和变桨限位撞块的基本维护

a. 检查顺桨感光装置的清洁度，以保证能够正常接受感光信号。

b. 检查易损件缓冲块，做到及时更换。

c. 检查各撞块螺栓的紧固。

（5）极限工作位置撞块和限位开关

① 极限工作位置撞块安装在内圈内侧两个对应的螺栓孔上。结构如图 3-5 所示。

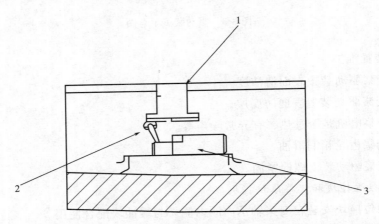

图 3-5   极限工作位置撞块和极限开关安装位置

1—极限工作位置撞块；2—限位开关撞杆；3—限位开关

② 当变桨轴承趋于极限工作位置时，极限工作位置撞块就会运行到限位开关上方，与限位开关撞杆作用，限位开关撞杆安装在限位开关上，当其受到撞击后，限位开关会把信号通过电缆传递给变频柜，提示变桨轴承已经处于极限工作位置。

③ 限位开关的基本维护包括检查开关灵敏度，是否有松动；检查限位开关接线是正常，手动刹车测试；检查螺栓紧固状况。

（6）电池柜

电池柜系统的作用是保证变桨系统在外部电源中断时可以安全操作。电池柜是通过二极管连接到变频器共用的直流母线供电装置，在外部电源中断时，由电池供应电力，保证变桨系统的安全工作。每一个变频器都有一个制动断路器，在制动状态时避免过高电压。变频器应留有与 PLC 的通信接口。

（7）变桨控制系统

变桨距风力发电机组控制系统在额定风速以下时，风力机按照固定的桨距角运行，由发电机控制系统来控制转速，跟踪风力机的最佳叶尖速比，从而获得最大风能利用系数，风力机的转速随着风速的增加而增加；在额定风速以上时，风力机作变桨运行，依靠机械调节，改变风能利用系数，从而控制风电机组的转速和功率，避免风电机组超出转速极限和功率极限运行。

① 控制系统目的　从额定功率起，通过控制系统将叶片以精细的变桨角度向顺桨方向转动，实现风机的功率控制。如果一个驱动器发生故障，另两个驱动器可以安全地使风机停机。变桨控制系统包括 3 个主要部件，驱动装置——电机，齿轮箱和变桨轴承。

变桨控制系统是通过改变叶片迎角，实现功率变化来进行调节的。通过在叶片和轮毂之间安装的变桨驱动电机带动回转轴承转动从而改变叶片迎角，由此控制叶片的升力，以达到控制作用在风轮叶片上的扭矩和功率的目的。在 90°迎角时是叶片的工作位置。在风力发电机组正常运行时，叶片向小迎角方向变化而达到限制功率。一般变桨角度范围为 0°～90°。采用变桨距调节，风机的启动性好、刹车机构简单，叶片顺桨后风轮转速可以逐渐下降、额定点以前的功率输出饱满、额定点以后的输出功率平滑、风轮叶根承受的动、静载荷小。变桨系统作为基本制动系统，可以在额定功率范围内对风机速度进行控制。

② 变桨中央控制箱执行轮毂内的轴控箱和位于机舱内的机舱控制柜之间的连接工作。

变桨中央控制箱与机舱控制柜的连接通过滑环实现。通过滑环机舱控制柜向变桨中央控制柜提供电能和控制信号。另外，风机控制系统和变桨控制器之间用于数据交换的连接，也通过这个滑环实现。

变桨控制器位于变桨中央控制箱内，用于控制叶片的位置。另外，3 个电池箱内的电池组的充电过程，由安装在变桨中央控制箱内的中央充电单元控制。

③ 变桨控制系统的保护种类

a. 位置反馈故障保护。为了验证冗余编码器的可利用性及测量精度，将每个叶片配置的两个编码器采集到的桨距角信号进行实时比较，冗余编码器完好的条件是两者之间角度偏差小于 2°；所有叶片在 91° 与 95° 位置各安装一个限位开关，在 0° 方向均不安装限位开关，叶片当前桨距角是否小于 0°，由两个传感器测量结果经过换算确定。除系统掉电外，当下列任何一种故障情况发生时，所有轴柜的硬件系统应保证 3 个叶片以 10°/s 的速度向 90° 方向顺桨，与风向平行，风机停止转动；任意轴柜内的从站与 PLC 主站之间的通信总线出现故障，由轮毂急停、塔基急停、机舱急停、振动检测、主轴超速、偏航限位开关串联组成的风机安全链以及与安全链串联的两个叶轮锁定信号断开（24VDC 信号）；无论任何一个编码器出现故障，还是同一叶片的两个编码器测量结果偏差超过规定的门限值；任何叶片桨距角在变桨过程中两两偏差超过 2°；构成安全链、释放回路中的硬件系统出现故障；任意系统急停指令。

b. 变桨调节模式时，预防桨距角超过限位开关的措施。91° 限位开关，到达限位开关时，变桨电机刹车抱闸；轴柜逆变器的释放信号及变桨速度命令无效，同样会使变桨电机静止。变桨电机刹车抱闸的条件：轴柜变桨调节方式处于自动模式下，桨距角超过 91° 限位开关位置；轴柜上控制开关断开；电网掉电且后备电电源输出电压低于其最低允许工作电压；控制电路器件损坏。

3.2　变桨距系统的控制

新型变桨距控制系统框图如图 3-6 所示。

在发电机并入电网前，发电机转速由速度控制器 A 根据发电机转速反馈信号与给定信号直接控制；发电机并入电网后，速度控制器 B 与功率控制器起作用。功率控制器的任务主要是根据发电机转速给出相应的功率曲线，调整发电机转差率，并确定速度控制器 B 的速度给定。

节距的给定参考值由控制器根据风力发电机组的运行状态给出。如图 3-6 所示，当风

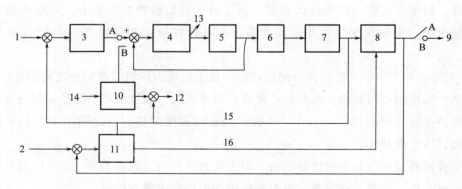

图 3-6　控制系统方块图

1—速度给定；2—最大功率给定；3—速度控制 A；4—节距控制器；5—变距机构；
6—风轮；7—增速器；8—发电机；9—电网；10—速度控制器 B；11—功率控制器；
12—速度给定；13—控制电压；14—风速；15—发电机转速；16—电流给定

力发电机组并入电网前，由速度控制器 A 给出；当风力发电机组并入电网后由速度控制器 B 给出。

3.2.1 变距控制

变距控制系统实际上是一个随动系统，其控制过程如图 3-7 所示。

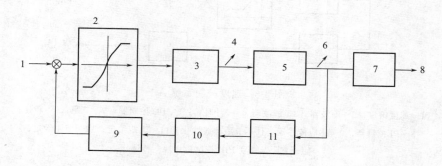

图 3-7 变桨距控制系统

1—节距给定；2—节距控制器；3—D/A 转换器；4—控制电压；5—液压系统；6—活塞杆位移；
7—变桨距结构；8—节距；9—转换为节距信号；10—A/D 转换器；11—位移传感器

变桨距控制器是一个非线性比例控制器，它可以补偿比例阀的死带和极限。变距系统的执行机构是液压系统，节距控制器的输出信号经 D/A 转换后变成电压信号控制比例阀（或电液伺服阀），驱动液压缸活塞，推动变桨距机构，使桨叶节距角变化。活塞的位移反馈信号由位移传感器测量，经转换后输入比较器。

3.2.2 速度控制系统 A

转速控制系统 A 在风力发电机组进入待机状态，或从待机状态重新启动时投入工作，如图 3-8 所示，在这些过程中通过对节距角的控制，转速以一定的变化率上升。控制器也用于在同步转速（50Hz 时 1500r/min）时的控制。当发电机转速在同步转速 ±10r/min（＊）内持续 1s（＊）发电机将切入电网。

控制器包含着常规的 PD 和 PI 控制器，接着是节距角的非线性化环节，通过非线性化处理，增益随节距角的增加而减小，以此补偿由于转子空气动力学产生的非线性，因为当功率不变时，转矩对节距角的比是随节距角的增加而增加的。

当风力发电机组从待机状态进入运行状态时，变桨距系统先将桨叶节距角快速地转到 $45°$，风轮在空转状态进入同步转速。当转速从 0 增加到 500r/min（＊）时，节距角给定值从 $45°$ 线性地减小到 $5°$。这一过程不仅使转子具有高启动力矩，而且在风速快速地增大时能够快速启动［带（＊）的参数可根据现场情况进行调整］。

发电机转速通过主轴上的感应传感器测量，每个周期信号被送到微处理器做进一步处理，以产生新的控制信号。

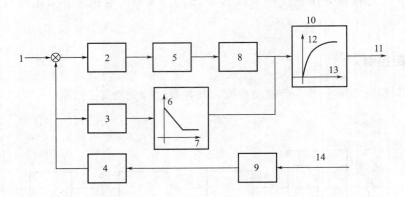

图 3-8　速度控制系统 A

1—速度给定；2—滤波器；3—滤波器；4—计时器；5—PD 控制器；6—节距；7—转速；

8—PI 控制器；9—感应传感器；10—节距非线性化；11—节距给定；12—节距给定；

13—节距及速度 PID 控制量；14—转速

3.2.3　速度控制系统 B

发电机切入电网以后，速度控制系统 B 作用，如图 3-9 所示。速度控制系统 B 受发电机转速和风速的双重控制。在达到额定值前，速度给定值随功率给定值按比例增加。额定的速度给定值是 1560r/min，相应的发电机转差率是 4%（ * ）。如果风速和功率输出一直低于额定值，发电机转差率将降低到 2%（ * ），节距控制将根据风速调整到最佳状态，以优化叶尖速比。

如果风速高于额定值，发电机转速通过改变节距来跟踪相应的速度给定值。功率输出将稳定地保持在额定值上。从图 3-9 中可以看到，在风速信号输入端设有低通滤波器，节距控制对瞬变风速并不响应。

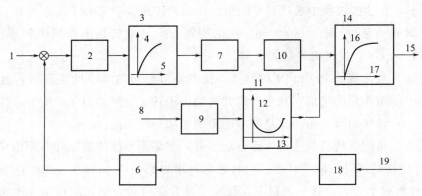

图 3-9　速度控制系统 B

1—速度给定；2—滤波器；3—速度非线性化；4—速度出；5—速度入；6—计时器；7—PD 控制器；

8—风速；9—滤波器；10—PI 控制器；11—叶尖速比优化；12—节距；13—风速；14—节距非线性化；

15—节距给定；16—节距给定；17—节距及速度 PID 控制量；18—传感器；19—转速

为了有效地控制高速变化的风速引起的功率波动，新型的变桨距风力发电机组采用了RCC（Rotor Current Control）技术，即发电机转子电流控制技术。通过对发电机转子电流的控制来迅速改变发电机转差率，从而改变风轮转速，吸收由于瞬变风速引起的功率波动。

3.3.1 功率控制系统

功率控制系统如图 3-10 所示，它由两个控制环组成。外环通过测量转速产生功率参考曲线。发电机的功率参考曲线如图 3-11 所示，参考功率以额定功率的百分比的形式给出，在点画线限制的范围内，功率给定曲线是可变的。内环是一个功率伺服环，它通过转子电流控制器（RCC）对发电机转差率进行控制，使发电机功率跟踪功率给定值。如果功率低于额定功率值，这一控制环将通过改变转差率，进而改变桨叶节距角，使风轮获得最大功率。如果功率参考值是恒定的，电流参考值也是恒定的。

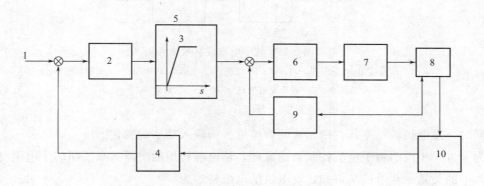

图 3-10　功率控制系统

1—同步速；2—滤波器；3—p_{ref}/p_{rated}；4—计时器；5—功率给定曲线；

6—PI 控制器；7—Serial；I/O；8—发电机；9—电功率测量；10—转速传感器

3.3.2 转子电流控制器原理

图 3-10 所示的功率控制环实际上是一个发电机转子电流控制环，如图 3-12 所示。转子电流控制器由快速数字式 PI 控制器和一个等效变阻器构成。它根据给定的电流值，通过改变转子电路的电阻来改变发电机的转差率。在额定功率时，发电机的转差率能够从1%到10%（1515～1650r/min）变化，相应的转子平均电阻从 0 到100%变化。当功率变化即转子电流变化时，PI 调节器迅速调整转子电阻，使转子电流跟踪给定值，如果从主控制器传出的电流给定值是恒定的，它将保持转子电流恒定，从而使功率输出保持不变。

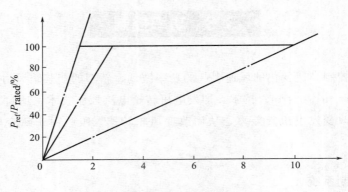

图 3-11　功率参考曲线

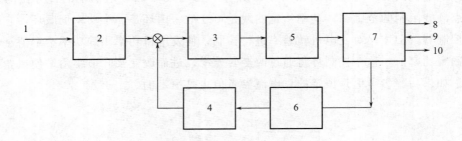

图 3-12　转子电流控制系统

1—电流给定；2—Serial I/O；3—PI 控制器；4—A/D 转换器；5—变阻器；

6—电流测量；7—异步发电机；8—功率；9—转矩；10—转速

与此同时，发电机转差率却在做相应的调整以平衡输入功率的变化。

为了进一步说明转子电流控制器的原理，从电磁转矩的关系式来说明转子电阻与发电机转差率的关系。从电机学可知，发电机的电磁转矩为

$$T_e = \cfrac{m_1 p U_1^2 \cfrac{R_2'}{s}}{\omega_1 \left[\left(R_1 + \cfrac{R_2'}{s} \right)^2 + (X_1 + X_2')^2 \right]} \tag{3-1}$$

式中　p——电机极对数；

m_1——电机定子相数；

ω_1——定子角频率，即电网角频率；

U_1——定子额定相电压；

s——转差率；

R_1——定子绕组的电阻；

X_1——定子绕组的漏抗；

R_2'——折算到定子侧的转子每相电阻；

X_2'——折算到定子侧的转子每相漏抗。

由上式可知，只要 R_2/s 不变，电磁转矩 T_e 就可保持不变，从而发电机功率就可保持不变。因此，当风速变大，风轮及发电机的转速上升，即发电机转差率 s 增大，只要改变发电机的转子电阻 R_2'，使 R_2/s 保持不变，就能保持发电机输出功率不变。如图 3-13 所示，当发电机的转子电阻改变时，其特性曲线由 1 变为 2；运行点也由 a 点变到 b 点，而电磁转矩 T_e 保持不变，发电机转差率则从 s_1 上升到 s_2。

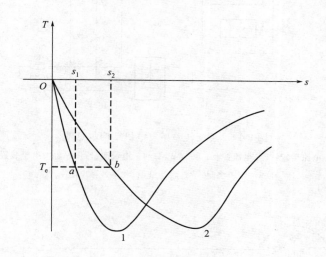

图 3-13　发电机运行特性曲线的变化

3.3.3　转子电流控制器的结构

转子电流控制器技术必须使用在绕线转子异步发电机上，用于控制发电机的转子电流，使异步发电机成为可变转差率发电机。采用转子电流控制器的异步发电机结构如图 3-14 所示。

转子电流控制器安装在发电机的轴上，与转子上的三相绕组连接，构成一电气回路。将普通三相异步发电机的转子引出，外接转子电阻，使发电机的转差率增大至 10%，通过一组电力电子元器件来调整转子回路的电阻，从而调节发电机的转差率。转子电流控制器电气原理如图 3-15 所示。

RCC 依靠外部控制器给出的电流基准值和两个电流互感器的测量值，计算出转子回路的电阻值，通过 IGBT（绝缘栅极双极型晶体管）的导通和关断来进行调整。IGBT 的导通与关断受一宽度可调的脉冲信号（PWM）控制。

IGBT 是双极型晶体管和 MOSFET（场效应晶体管）的复合体，所需驱动功率小，饱和压降低，在关断时不需要负栅极电压来减少关断时间，开关速度较高；饱和压降低减少了功率损耗，提高了发电机的效率；采用脉宽调制（PWM）电路，提高了整个电路的功率因数，同时只用一级可控的功率单元，减少了元件数，电路结构简单，由于通过对输出脉冲宽度的控制就可控制 IGBT 的开关，系统的响应速度加快。

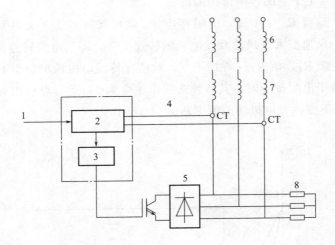

图 3-14　可变转差率发电机结构示意图

1—电流给定；2—电流控制；3—PWM；4—电流测量；5—电力电子装置；

6—定子绕组；7—转子绕组；8—外接电阻

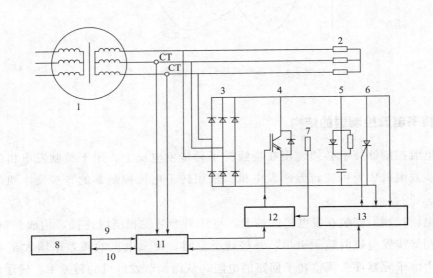

图 3-15　转子电流控制器原理图

1—三相绕线转子异步发电机；2—外接电阻；3—三相整流桥；4—IGBT；5—限电压保护；

6—过电压保护；7—PT100；8—外部控制器；9—电源；10—信号；

11—控制单元；12—驱动板；13—过电压保护板

　　转子电流控制器可在维持额定转子电流（即发电机额定功率）的情况下，在 0 至最大值之间调节转子电阻，使发电机的转差率大约在 0.6%（转子自身电阻）至 10%（IGBT关断，转子电阻为自身电阻与外接电阻之和）之间连续变化。

　　为了保护 RCC 单元中的主元件 IGBT，设有阻容回路和过电压保护，阻容回路用来限制 IGBT 每次关断时产生的过电压峰值，过电压保护采用晶闸管，当电网发生短路或短时中断时，晶闸管全导通，使 IGBT 处于两端短路状态，转子总电阻接近于转子自身的电阻。

3.3.4 采用转子电流控制器的功率调节

如图 3-9 所示，并网后，控制系统切换至状态 B，由于发电机内安装了 RCC 控制器，发电机转差率可在一定范围内调整，发电机转速可变。因此，在状态 B 中增加了转速控制环节，当风速低于额定风速，转速控制环节 B 根据转速给定值（高出同步转速 3%～4%）和风速，给出一个节距角，此时发电机输出功率小于最大功率给定值，功率控制环节根据功率反馈值，给出转子电流最大值，转子电流控制环节将发电机转差率调至最小，发电机转速高出同步转速 1%，与转速给定值存在一定的差值，反馈回速度控制环节 B。速度控制环节 B 根据该差值，调整桨叶节距参考值，变桨距机构将桨叶节距角保持在零度附近，优化叶尖速比；当风速高于额定风速，发电机输出功率上升到额定功率，当风轮吸收的风能高于发电机输出功率，发电机转速上升，速度控制环节 B 的输出值变化，反馈信号与参考值比较后又给出新的节距参考值，使得叶片攻角发生改变，减少风轮能量吸入，将发电机输出功率保持在额定值上；功率控制环节根据功率反馈值和速度反馈值，改变转子电流给定值，转子电流控制器根据该值，调节发电机转差率，使发电机转速发生变化，以保证发电机输出功率的稳定。

如果风速仅为瞬时上升，由于变桨距机构的动作滞后，发电机转速上升后，叶片攻角尚未变化，风速下降，发电机输出功率下降，功率控制单元将使 RCC 控制单元减小发电机转差率，使得发电机转速下降，在发电机转速上升或下降的过程中，转子的电流保持不变，发电机输出的功率也保持不变；如果风速持续增加，发电机转速持续上升，转速控制器 B 将使变桨距机构动作，改变叶片攻角，使得发电机在额定功率状态下运行。风速下降时，原理与风速上升时相同，但动作方向相反。由于转子电流控制器的动作时间在毫秒级以下，变桨距机构的动作时间以秒计，因此在短暂的风速变化时，仅仅依靠转子电流控制器的控制作用就可保持发电机功率的稳定输出，减少对电网的不良影响；同时也可降低变桨距机构的动作频率，延长变桨距机构的使用寿命。

3.3.5 转子电流控制器在实际应用中的效果

由于自然界风速处于不断的变化中，较短时间 3～4s 内的风速上升或下降总是不断地发生，因此变桨距机构也在不断地动作，在转子电流控制器的作用下，其桨距实际变化情况如图 3-16 所示。

从图上可以看出，RCC 控制单元有效地减少了变桨距机构的动作频率及动作幅度，使得发电机的输出功率保持平衡，实现了变桨距风力发电机组在额定风速以上的额定功率输出，有效地减少了风力发电机因风速的变化而造成的对电网的不良影响。

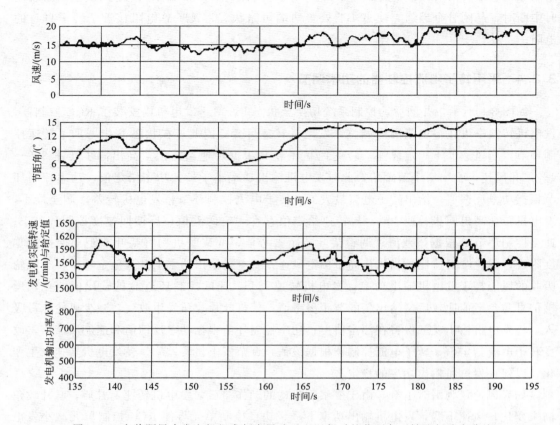

图 3-16　变桨距风力发电机组在额定风速以上运行时的节距角、转速与功率曲线

3.4　变桨系统故障分析

3.4.1　变桨控制系统常见故障原因及处理方法

（1）变桨角度有差异

原因　变桨电机上的旋转编码器（A 编码器）得到的叶片角度将与叶片角度计数器（B 编码器）得到的叶片角度做对比，两者不能相差太大，相差太大将报错。

处理方法

① 由于 B 编码器是机械凸轮结构，与叶片的变桨齿轮啮合，精度不高且会不断磨损，在有大晃动时有可能产生较大偏差，因此先复位，排除故障的偶然因素。

② 如果反复报这个故障，进轮毂检查 A、B 编码器，检查的步骤是先看编码器接线与插头，若插头松动，拧紧后可以手动变桨观察编码器数值的变化是否一致，若有数值不变或无规律变化，检查线是否有断线的情况。编码器接线机械强度相对低，在轮毂旋转

时，在离心力的作用下，有可能与插针松脱，或者线芯在半断半合的状态，这时虽然可复位，但转速一高，松动达到一定程度信号就失去了，因此可用手摇动线和插头，若发现在晃动中显示数值在跳变，可拔下插头用万用表测通断，有不通的和时通时断的要处理，可重做插针或接线，如不好处理直接更换新线。排除这两点说明编码器本体可能损坏，更换即可。由于 B 编码器的凸轮结构脆弱，多次发生凸轮打碎，因此对凸轮也应做检查。

（2）叶片没有到达限位开关动作设定值

原因 叶片设定在 91°触发限位开关，若触发时角度与 91°有一定偏差会报此故障。

处理方法 检查叶片实际位置。限位开关长时间运行后会松动，导致撞限位时的角度偏大，此时需要一人进入叶片，一人在中控器上微调叶片角度，观察到达限位的角度，然后参考这个角度将限位开关位置重新调整至刚好能触发时，在中控器上将角度清回 91°。限位开关是由螺栓拧紧固定在轮毂上，调整时需要 2 把小活扳手或者 8mm 叉扳。

（3）某个桨叶 91°或 95°触发

有时候是误触发，复位即可。如果复位不了，进入轮毂检查，有垃圾卡主限位开关，造成限位开关提前触发，或者 91°限位开关接线或者本身损坏失效，导致 95°限位开关触发。

原因 叶片到达 91°触发限位开关，但复位时叶片无法动作或脱离限位开关。

处理方法 首先手动变桨将桨叶脱离后尝试复位，若叶片没有动作，可能的原因有：①机舱柜的手动变桨信号无法传给中控器，可在机舱柜中将 141 端子和 140 端子下方进线短接后手动变桨；②检查轴控柜内开关是否有可能因过流跳开，若合上开关后将桨叶调至 90°即可复位；③轴控箱内控制桨叶变桨的 6K1 接触器损坏，检查如损坏更换，同时检查其他电气元件是否有损坏。

（4）变桨电机温度高

a. 变桨电机 1 温度高；

b. 变桨电机 2 温度高；

c. 变桨电机 3 温度高；

d. 变桨电机 1 电流超过最大值；

e. 变桨电机 2 电流超过最大值；

f. 变桨电机 3 电流超过最大值。

原因 温度过高多数是由线圈发热引起的，有可能是电机内部短路或外载负荷太大所致，而过流也会引起温度升高。

处理方法 先检查可能引起故障的外部原因：变桨齿轮箱卡涩，变桨齿轮夹有异物；再检查因电气回路导致的原因，常见的是变桨电机的电气刹车没有打开，可检查电气刹车回路有无断线、接触器有无卡涩等。排除了外部故障，再检查电机内部是否绝缘老化或被破坏导致短路。

（5）变桨控制通信故障

原因 轮毂控制器与主控器之间的通信中断，在轮毂中控柜中控器无故障的前提下，主要故障范围是信号线，从机舱柜到滑环，由滑环进入轮毂这一回路出现干扰、断线、航空插头损坏、滑环接触不良、通信模块损坏等。

处理方法 用万用表测量中控器进线端电压为 230V 左右，出线端电压为 24V 左右，说明中控器无故障。继续检查，将机舱柜侧轮毂通信线，红白线、绿白线拔出，将红白线接地，轮毂侧万用表一支表笔接地，如有电阻说明导通，无断路，有断路启用备用线，若故障依然存在，继续检查滑环，风机绝大多数变桨通信故障都由滑环引起。齿轮箱漏油严重时造成滑环内进油，油附着在滑环与插针之间形成油膜，起绝缘作用，导致变桨通信信号时断时续，冬季油变黏着，变桨通信故障更为常见。一般清洗滑环后故障可消除，但此方法治标不治本，从根源上解决的方法是解决齿轮箱漏油问题。滑环造成的变桨通信还有可能由插针损坏、固定不稳等原因引起，若滑环没有问题，应将轮毂端接线脱开与滑环端进线进行校线，校线的目的是检查线路有无接错、短接、破皮、接地等现象。滑环座要随主轴一起旋转，里面的线容易与滑环座摩擦，导致破皮接地，也能引起变桨故障。

（6）变桨错误

原因 变桨控制器内部产生的故障，变桨控制器 OK 信号中断，可能是变桨控制器故障，或者信号输出有问题。

处理方法 此故障一般与其他变桨故障一起发生，当中控器故障无法控制变桨时，PITCH CONTROLLER OK 信号为 0，可进入轮毂检查中控器是否损坏。一般中控器故障，会导致无法手动变桨，若可以手动变桨，则检查信号输出的线路是否有虚接、断线等，前面提到的滑环问题也能引起此故障。

（7）变桨失效

原因 当风轮转动时，机舱柜控制器要根据转速调整变桨位置，使风轮按定值转动，若此传输错误或延迟 300ms 内不能给变桨控制器传达动作指令，则为了避免超速会报错停机。

处理方法 机舱柜控制器的信号无法传给变桨控制器，主要由信号故障引起，影响这个信号的主要是信号线和滑环，检查信号端子有无电压，有电压则控制器将变桨信号发出，继续查机舱柜到滑环部分，若无故障继续检查滑环，再检查滑环到轮毂，分段检查逐步排查故障。

（8）变桨电机转速度

原因 检测到的变桨转速超过 31°每秒，这样的转速一般不会出现，大多数是由旋转编码器故障引起，或者由轮毂传出的 RPM OK 信号线问题引起。

处理方法 可参照检查变桨编码器不同步的故障处理方法编码器问题，编码器无故障则转向检查信号传输问题。

3.4.2　变桨机械部分常见故障原因及处理方法

变桨机械部分的故障主要集中在减速齿轮箱上，保养不到位，加之质量问题，使减速齿轮箱有可能损坏，在有卡涩、转动不畅的情况下会导致变桨电机过流并且温度升高，因此有电机过流和温度高的情况频发时，要检查减速齿轮箱。

轮毂内有给叶片轴承和变桨齿轮面润滑的自动润滑站，当缺少润滑油脂或油管堵塞时，叶片轴承和齿面得不到润滑，长时间运行必然造成永久的损伤。变桨齿轮与 B 编码器的铝制凸轮没有润滑，长时间摩擦，铝制凸轮容易磨损，重则将凸轮打坏，造成编码器不同步，致使风机故障停机，因此需要重视润滑这个环节，长时间的小毛病积累，必然导致机械部件不可挽回的损坏。

3.4.3　蓄电池部分常见故障及处理方法

（1）变桨电池充电器故障

原因　轮毂充电器 3A1 不充电，有可能 3A1 已经损坏，也有可能由于电网电压高导致无法充电。

处理方法　观察停机代码，一般轮毂充电器不工作引起 3 面蓄电池电压降低，将会一起报。

检查设备，测量有无 230V 交流输入，有 230V 交流电压说明输入电源没问题，再测量有无 230V 左右直流输出和 24V 直流输出，有输入无输出则可更换设备。若由于电网电压短时间过高引起，则电压恢复后即可复位。

（2）蓄电池电压故障

原因　若只是单面蓄电池电压故障，则不是由轮毂充电器不充电导致，可能由于蓄电池损坏、充电回路故障等引起。

处理方法　按下轮毂主控柜的充电实验按钮，3 面轮流试充电，此时测量吸合的电流接触器的出线端有无 230V 直流电源，再顺着充电回路依次检查各电气元件的好坏，检查时留意有无接触不良等情况，确定充电回路无异常，则检查是否由于蓄电池故障导致不能充电。打开蓄电池柜，蓄电池由 3 组、每组 6 个蓄电池串联组成，单个蓄电池额定电压 12V，先分别测量每组两端的电压，若有不正常的电压，则挨个测量每个蓄电池，直到确定故障的蓄电池位置，将损坏蓄电池更换，再充电数个小时（具体充电时间根据更换的数量和温度等外部因素决定），一般充电 12 小时即可。若不连续充电直接运行，则新蓄电池没有彻底激活，寿命大打折扣，很快也会再次损坏，还有可能导致其他蓄电池损坏。

（3）变桨系统飞车的原因分析及预防

导致叶片飞车的原因有以下三种。

① 蓄电池的原因　由变桨系统构成可以得出，在风机因突发故障停机时，是完全依靠轮毂中的蓄电池来进行收桨的。因此轮毂中的蓄电池储能不足或电池失电导致出故障时，不能及时回桨而会引发飞车。蓄电池故障主要有两个方面的影响：由于蓄电池前端的轮毂充电器损坏，导致蓄电池无法充电，直至亏损；由于蓄电自身的质量问题，如果一组中有 1～2 块蓄电池放亏，电池整体电压测量时属于正常范围中，但是电池单体电压测量后已非正常区间，这种蓄电池在出现故障后已不能提供正常电拖动力而有效地促使桨叶回收，而最终引发飞车事故。

② 信号滑环的原因　该种风机绝大多数变桨通信故障都由滑环接触不良引起。齿轮箱漏油严重时造成滑环内进油，油附着在滑环与插针之间形成油膜，起绝缘作用，导致变桨通信信号时断时续，致使主控柜控制单元无法接受和反馈处理超速信号，导致变桨系统

无法停止，直至飞车。由于滑环的内部构造的原因，会出现滑环磁道与探针接触不良等现象，也会引发信号的中断和延时，其中不排除探针会受力变形。

③ 超速模块的原因 超速模块的主要作用就是监控主轴及齿轮箱低速轴和叶片的超速。该模块为同时监测轴系的三个转速测点，以三取二逻辑方式，对轴系超速状态进行判断。三取二超速保护动作有独立的信号输出，可直接驱动设备动作。两通道配合可完成轴旋转方向和旋转速度的测量。使用有一定齿距要求的齿盘产生两个有相位偏移的信号，A通道监测信号间的相位偏移得到旋转方向，B通道监测信号的周期时间得到旋转速度。当该模块软件失效后或信号感知出现问题导致在超速时，风机主控不能判断故障及时停机，而引发导致飞车。

预防变桨系统飞车事故发生的方法如下：定期检查蓄电池单体电池电压，定期做蓄电池充放电实验，并将蓄电池检测时间控制在合理区间，运行过程中密切注意电网供电质量，尽量减少大电压对轮毂充电器及 UPS 的冲击，尽可能地避免不必要的元器件的损坏；彻底根除齿轮箱漏油的弊病，定期开展滑环的清洗工作，保证滑环的正常工作；有针对性地测试超速模块 KL1904 的功能，避免该模块软故障的形成。

思考题

3-1 风力发电机组功率调节的作用是什么？

3-2 并网运行的风力发电机组要求发电机的输出频率与电网频率一致恒定的方法有哪几种？

3-3 变桨系统的作用是什么？它的基本工作原理是什么？

3-4 变桨系统主要包括哪些部件？

3-5 变桨驱动装置的维护方式是什么？可能出现的故障有哪些？

3-6 变桨系统的控制方式是什么？

3-7 画出功率控制系统图，并说明其原理。

3-8 变桨距控制风轮的优缺点是什么？

3-9 变桨系统在实际应用中的效果如何？

实训三 变桨距系统模拟动作实训

一、实训目的
① 掌握变桨距系统的结构。
② 掌握变桨距系统的工作原理和控制。

二、实训设备
风力发电变桨距系统试验平台。

三、实训内容
① 学习通过手动操作和参数设定模拟变桨距系统的变桨控制过程。

② 了解模拟风机发生故障变桨系统的保护过程。

四、实训步骤

① 建立变桨电机与变桨平台操作系统的连接，通过手动操作进行变桨系统的开桨和关桨动作。

② 建立变桨控制系统与变桨驱动之间的联系，通过 PLC 编程，实现变桨系统开桨、关桨的动作。

③ 通过改变 PLC 程序参数，实现桨叶的任意角度控制。

④ 模拟机组安全链及其他故障处理动作，实现变桨系统的保护过程。

五、实训思考题

① 风力发电机组变桨系统的结构及工作原理是什么？

② 在变桨过程中，风速、转速、功率之间的关系如何？

③ 当发生安全链与其他故障时，变桨过程有什么不同点？

六、实训报告要求

学生通过实训完成实训报告。实训报告的要求如下：

① 实训班级姓名；

② 实训内容及步骤；

③ 实训中遇到的问题及解决方法；

④ 实训体会。

第4章

制动系统

风力发电机组是一种重型装备，工作在极其恶劣的条件下，因此对它安全性有着极高的要求。除风力变化的不可预测性外，机件常年重载工作，随时有损坏的可能性，在这些情况下风力发电机必须紧急停车，避免对风力发电机造成损害或故障扩大。在进行正常维修时，也要求能进行停机检修。风力发电机必须设计有制动系统，以实现对风力发电机进行保护。

制动系统是一种具有制止运动作用功能的零部件的总称。风力发电机组的制动系统应符合 GB/T18451.1 风力发电机组安全要求相关条款的规定。风力发电机组的制动系统应设计为独立的机构，当风力发电机组及零部件出现故障时制动系统能独立进行工作。

4.1 制动器的工作原理

制动器俗称刹车或闸，是使机械中的运动部件停止或减速的机械零件。制动器的工作原理是，利用与机架相连的非旋转元件和与传动轴相连的旋转元件之间的相互摩擦，来阻止轮轴的转动或转动的趋势。

使机械运转部件停止或减速所必须施加的阻力矩称为制动力矩。制动力矩是设计、选用制动器的依据，其大小由机械的型式和工作要求决定。制动器上所用摩擦材料（制动件）的性能直接影响制动过程，而影响其性能的主要因素为工作温度和温升速度。摩擦材料应具备高而稳定的摩擦系数和良好的耐磨性。摩擦材料分金属和非金属两类。前者常用的有铸铁、钢、青铜和粉末冶金摩擦材料等，后者有皮革、橡胶、木材和石棉等。

制动器主要由制动架、制动件和操纵装置等构成。有些制动器还装有制动件间隙的自动调整装置。为了减小制动力矩和结构尺寸，制动器通常装在设备的高速轴上，但对安全性要求较高的定桨距风力发电机，则应装在靠近风轮的低速轴上。多数制动器已标准化和系列化，并由专业工厂制造以供选用。

一般制动器都是通过其中的固定元件对旋转元件施加制动力矩，使后者的旋转角速度降低，凡利用固定元件与旋转元件工作表面的摩擦而产生制动力矩的制动器都称为摩擦制动器。摩擦制动器最常用的是鼓刹和盘刹，鼓刹因其外形像鼓而得名，盘刹因其外形是圆盘形而得名。

鼓刹与盘刹各有利弊。在刹车效果上，鼓刹与盘刹的相差并不大。散热性上，盘刹要比鼓刹散热快，通风盘刹的散热效果更好；在灵敏度上，盘刹会更高些；费用方面，鼓刹较盘刹更低，而且使用寿命更长，毕竟通风盘式的制造工艺要复杂得多，价格也就相对贵了。实际应用差别很明显，盘刹比鼓刹好用。刹车鼓中的石棉材料会致癌。随着材料科学的发展及成本的降低，在很多领域中，盘式制动有逐渐取代鼓式制动的趋向。

任何制动系统都由以下4个部分组成：

① 动力装置，包括供给、调节制动所需能量以及改善能量传递状态的各种部件；

② 控制装置，包括产生制动动作和控制制动效果的各种部件；

③ 驱动装置，包括将制动能量传输到制动器的各个部件；

④ 制动器，产生阻碍运动部件运动或运动趋势的制动力部件，其中包括辅助制动系统中的缓速装置。

按制动能源来分类，制动系统可分为：产生制动力的能量是完全由人的体力来供给的制动系统称为人力制动系统；产生制动力的能量是由动力来提供的制动系统称为动力制动系统，其制动能源可以是空气压缩机产生的压缩空气、电磁铁产生的电磁力或油泵产生的液体压力；产生制动力的能量是由人工和一个或几个能量供应装置共同供给的制动系统称为伺服制动系统。风力发电机的制动系统为伺服制动系统。

按照制动能量的传输方式，制动系统可分为机械式、液压式、气压式和电磁式等。同时采用两种以上传能方式的制动系统可称为组合式制动系统。

4.2 制动系统的技术要求

根据国家标准风力发电机组的安全性要求，风力发电机组的保护系统应有一个或多个能使风轮由任意工作状态转入停止或空转状态的装置（机械的、电动的或气动的）。它们之中至少应有一个必须作用在低速轴上或风轮上。必须提供使风轮在小于参考（安全）风速的任意风速下，由危险的空转状态转为完全静止的方法。

4.2.1　总体设计要求

① 风力发电机组的制动系统设计时，应考虑载荷情况与制动引起的制动力矩的组合。制动系统的额定静态制动力矩，应大于风力发电机组的所需最小静态制动力矩，所需最小静态制动力矩的确定应以极限工况为准。制动系统的额定动态制动力矩应大于风力发电机组的所需最小动态制动力矩，并小于风力发电机组的最大许用制动力矩。

制动过程中由于制动而产生的制动力矩，应不会导致部件（尤其是风轮叶片、风轮轴、风轮叶片连接件、轮毂）产生过大的应力。紧急制动应保证制动系统及风力机主要部件不产生不可修复的破坏。

② 制动系统的制动力矩在正常工作方式下，应采用也可以采用半刚性或阶梯形加载方式。不同制动方式制动力矩曲线如图 4-1 所示。

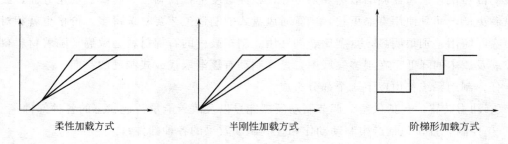

图 4-1　不同制动方式制动力矩曲线

柔性加载方式是在制动系统的制动力矩增加过程中，没有制动力矩增长加速度突变的加载方式。半刚性载方式是在制动系统的制动力矩增加过程中，没有制动力矩增长速度突变的加载方式。阶梯形加载方式是在制动系统的制动力矩增加过程中，存在制动力矩突变的加载方式。

③ 如果机械制动装置的刹车材料过度磨损，则应提供磨损指示器对衬料磨损程度进行监测以保证风机能正常关机。若机械制动装置采用弹簧操作，则应设有能自动调节弹簧最小弹性力的设备。在制动系统有多个摩擦副的情况下，同一级制动装置各个摩擦副之间的最大静态制动力矩的差值不应大于 10%；同一级制动装置各个摩擦副之间的最大动态制动力矩的差值不应大于 5%。

④ 就制动系统的压力而言，即使没有动力供给，机械制动装置也能刹住风轮 5 天以上。刹车材料应便于维护和更换。

⑤ 安全系统被触发后，不经许可，风力发电机组不应自动重新启动。

⑥ 偏航系统制动装置应按控制系统要求进行设计。

⑦ 锁定装置必须设计成正操纵，并且保证传动装置和偏航系统具有良好的可达性和维护性。日常生活中的插销就是一种锁定装置，正操纵为进入锁定，可达性即容易实现。

⑧ 制动表面应用盖子、防护板或类似物进行保护，以使其免受润滑油污染等不利的影响。

4.2.2　制动系统的工作条件

① 采用电气驱动的制动系统，它的工作电源应与风力发电机组的电源系统相匹配。

② 采用液压驱动的制动系统，它的工作压力应与风力发电机组的液压系统相匹配。

③ 设有状态反馈的制动系统，制动状态反馈信号应与风力发电机组的控制系统相匹配。

④ 对制动系统零部件的要求：适用温度条件应与风力发电机组的使用温度条件一致；表面处理和防护性能应适应风力发电机组的工作环境条件；尺寸应与风力发电机组相应部分的设计尺寸相匹配；安装方式应符合风力发电机组的设计要求。

4.2.3　风力发电机的制动方式

在风力发电机组中，一般同时提供空气动力制动和机械制动。但是，如果每个叶片都有独立的空气动力制动系统（每个叶片独立变桨距），而且每个空气动力制动系统都可以在电网掉电的情况下使风机减速，那么就不必为此设计机械制动器。此时，机械制动器的功能只是使风轮静止，即停车，因为空气动力制动不能使风机停车。

（1）空气动力制动

① 定桨距叶片的空气动力制动　空气动力制动在定桨距风力发电机上是利用叶尖顺桨进行制动的方式，其结构如图 4-2。活动的叶尖部分长度一般大约为叶片长度的 15%，叶尖安装在叶尖转轴上，在正常运行时用液压缸拉紧抵消离心力。一旦液压释放（由控制系统触发或直接由超速传感器触发），叶尖在离心力的作用下向外飞出，并同时通过螺杆变距到顺桨状态。风轮的转速会降低但不会停止，叶片停止转动还要靠机械制动。

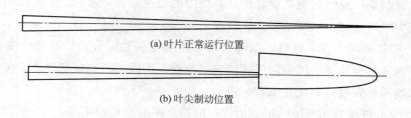

(a) 叶片正常运行位置

(b) 叶尖制动位置

图 4-2　叶尖制动的结构

气动刹车机构是由安装在叶尖的扰流器通过不锈钢丝绳与叶片根部的液压油缸的活塞杆相连接构成的。当风力发电机组正常运行时，在液压力的作用下，叶尖扰流器与叶片主体部分精密地合为一体，组成完整的叶片。当风力发电机组需要脱网停机时，液压油缸失去压力，扰流器在离心力的作用下释放并旋转 80°～90°形成阻尼板，由于叶尖部分处于距离轴最远点，整个叶片作为一个长的杠杆，使扰流器产生的气动阻力相当高，足以使风力发电机组在几乎没有任何磨损的情况下迅速减速，这一过程即为叶片空气动力制动。叶尖扰流器是风力发电机组的主要制动器，每次制动时都是它起主要作用。

在叶轮旋转时，作用在扰流器上的离心力和弹簧力会使叶尖扰流器力图脱离叶片主体转动到制动位置；而液压力的释放，不论是由于控制系统的正常指令，还是液压系统的故障引起，都将导致扰流器展开而使叶轮停止运行。因此，空气动力刹车是一种失效保护装置，它使整个风力发电机组的制动系统具有很高的可靠性。

② 变桨距叶片的空气动力制动　变桨距风力发电机的叶片只要变桨距到顺桨，即叶片弦线顺着风向，就形成一个高效的空气动力制动方法。要求变桨距速度为 $10°/s$ 就足够了，这也是功率控制的要求。依靠变桨距控制来实现紧急制动的风力发电机，每个叶片需要独立制动，而且所有叶片都要满足"失败—安全"运行要求，即来自机舱的电源或液压驱动要求瞬间切断。在液压制动情况下，压力油一般存放在轮毂中的蓄能器里。

（2）机械制动

因为空气动力制动不能使风机停车，所以每台风力发电机必须配备机械制动系统。机械制动器在风力发电机上普遍采用钳盘式制动器，有关内容将在下一节中详细介绍。机械刹车机构由安装在低速轴或高速轴上的刹车圆盘与布置在四周的液压夹钳构成。液压夹钳固定，刹车圆盘随轴一起转动。刹车夹钳有一个预压的弹簧制动力，液压力通过油缸中的活塞将制动夹钳打开。机械刹车的预压弹簧制动力，一般要求在额定负载下脱网时能够保证风力发电机组安全停机。但在正常停机的情况下，液压力并不是完全释放，即在制动过程中只作用了一部分弹簧力。为此，在液压系统中设置了一个特殊的减压阀和蓄能器，以保证在制动过程中不完全提供弹簧的制动力。为了监视机械刹车机构的内部状态，刹车夹钳内部装有温度传感器和指示刹车片厚度的传感器。

4.2.4　风力发电机组的制动形式

① 对于定桨距风力发电机组，制动系统可以采用；传动系统中的低速轴机械制动联合高速轴机械制动；或叶尖制动联合传动系统中的低速轴机械制动。实践证明叶尖制动联合传动系统中的高速轴机械制动形式比较好。

② 对于变桨距风力发电机组，制动系统采用顺桨制动联合传动系统中的高速轴机械制动；顺桨制动联合传动系统中的低速轴机械制动。实践证明顺桨制动联合传动系统中的高速轴机械制动形式最好，优先推荐采用。

③ 风力发电机组制动系统的组成形式，应符合下列组成原则：

a. 按正常工作方式下的投入顺序分为一级制动、二级制动等；对应以上要求，制动系统至少应设计有一级制动装置和二级制动装置。

空气动力制动（叶尖制动或顺桨制动）联合机械制动的制动系统，空气动力制动装置应作为风力发电机组的一级制动装置，机械制动装置作为二级制动装置。低速轴机械制动联合高速轴机械制动的制动系统，低速轴机械制动装置应作为一级制动装置，高速轴机械制动装置作为二级制动装置。

b. 各级制动装置既可独立工作，又要在切入时间或切入速度上协调动作；

c. 至少应有其中的某一级为具有失效保护功能的机械制动装置；

d. 属于同一级的应既可独立工作，又要在切入时间或切入速度上协调动作；

e. 除制动装置外，在适当位置应设有风轮的锁定装置。

4.3 机械制动器的结构

4.3.1 钳盘式制动器

风力发电机上所使用的制动器全部为性能可靠、制动力矩大、体积小的钳盘式制动器，并要求应具有力矩调整、间隙补偿、随位和退距均等功能。所以先介绍钳盘式制动器的相关知识。

（1）钳盘式制动器的结构

钳盘式制动器又称为碟式制动器，是因为其形状而得名。它由液压控制，主要零部件有制动盘、油缸、制动钳、油管等。制动盘用合金钢制造并固定在轮轴上，随轮轴转动。油缸固定在制动器的底板上固定不动。制动钳上的两个摩擦片分别装在制动盘的两侧。油缸的活塞受油管输送来的液压作用，推动摩擦片压向制动盘发生摩擦制动，动作起来就像用钳子钳住旋转中的盘子，迫使它停下来一样。其结构如图4-3所示。

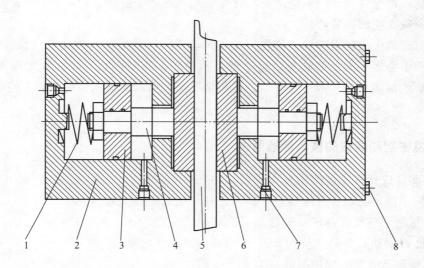

图 4-3　钳盘式制动器的结构

1—弹簧；2—制动钳体；3—活塞；4—活塞杆；5—制动盘；6—制动衬块；7—接头；8—螺栓

钳盘式制动器摩擦副中的旋转元件是以端面工作的金属圆盘，称为制动盘。工作面积不大的摩擦块与其金属背板组成的制动块，每个制动器中有2～4个。这些制动块及其驱动装置都装在横跨制动盘两侧的夹钳形支架中，总称为制动钳。这种由制动盘和制动钳组成的制动器称为钳盘式制动器。

钳盘式制动器的释放是制动器的制动覆面脱离制动轮表面，解除制动力矩的过程。钳盘式制动器的闭合是制动器的制动覆面与制动轮表面贴合，建立规定的制动力矩的过程。在常闭型钳盘式制动器的加载是靠弹簧力，用调整弹簧压力调整制动力的大小。驱动油缸的工作行程，是在制动器释放过程中柱塞移动的距离。

制动瓦块的退距是制动器在释放状态下，瓦块制动覆面中部母线与制动轮表面的距离。制动瓦块的随位性是指通过某种装置或采取某种措施，瓦块制动覆面与制动轮表面正常释放状态时，瓦块制动覆面的任何部位与制动轮表面不接触。

（2）钳盘式制动器的优点

钳盘式制动器与其他制动器相比，有以下优点。

一般无摩擦助势作用，因而制动器效能受摩擦系数的影响较小，即效能较稳定；浸水后效能降低较少，而且只需经一两次制动即可恢复正常；在输出制动力矩相同的情况下，尺寸和重量一般较小；较容易实现间隙自动调整，调整液压系统的压力即可调整制动力大小，保养维修也较简便。因为制动盘外露，还有散热良好的优点。

这种制动器散热快，重量轻，构造简单，调整方便。特别是负载大时耐高温性能好，制动效果稳定，有些盘式制动器的制动盘上还开了许多小孔，加速通风散热提高制动效率。

钳盘式制动器也有自己的不足。例如对制动器和制动管路的制造要求较高，摩擦片的耗损量较大，成本贵，而且由于摩擦片的面积小，相对摩擦的工作面也较小，需要的制动液压压力高。钳盘式制动器不足之处是效能较低，故用于液压制动系统时所需液压管路压力较高，一般要用伺服装置。

电磁驱动的机械制动装置一般使用鼓式制动器，俗称抱闸。鼓式制动器散热性能差，在制动过程中会聚集大量的热量。制动蹄片和轮鼓在高温影响下较易发生极为复杂的变形，容易产生制动衰退和振抖现象，引起制动效率下降。而鼓式制动器成本相对低廉，比较经济。

4.3.2 机械制动装置的技术性能要求

① 零部件应具有足够的刚度和强度，并具有失效保护功能。制动装置的结构应具有完整性、简单性；制动装置应拆装方便，并且与配套的设备兼容。

② 机械制动装置在额定负载状态下的制动力矩应不小于所提供的额定值；机械制动装置应允许将制动力矩调整至 0.7～1 倍的额定值范围内使用。

③ 机械制动装置的响应时间应不大于 0.2s。

④ 摩擦副应进行热平衡计算，给出连续两次制动的最小时间间隔。

⑤ 对电磁驱动的机械制动装置在 50% 的弹簧工作力和额定电压的条件下，按驱动装置的额定操作频率操作，应能灵活地闭合；在额定制动力矩时的弹簧力和 85% 的额定电压下操作，制动装置应能灵活地释放。

⑥ 对液压驱动的机械制动装置在 50% 的弹簧工作力和额定液压压力的条件下，按驱动装置的额定操作频率操作，应能灵活地闭合；在额定制动力矩时的弹簧力和 85% 的额定液压力下操作，制动装置应能灵活地释放。

⑦ 在额定工作压力和制动衬垫温度在 250℃ 以内的条件下，制动装置的制动力矩应满足风力发电机组所需最小动态制动力矩的要求。

⑧ 在制动状态下，摩擦副工作表面的贴合面积应不小于有效面积的 80%。

⑨ 在非制动状态下，摩擦副的调整间隙在任何方向上均应在 0.1～0.2mm。

4.3.3 风力发电机用钳盘式制动器

（1）高速轴制动器

风力发电机的高速轴为齿轮箱的输出轴，此处转动力矩较低速轴小几十倍，高速轴制动器的体积比较小。制动盘安装在高速轴上，制动钳安装在齿轮箱体的安装面上，用高强度螺栓固定。

（2）低速轴制动器

大型风机一般采用变桨距系统，不必在低速轴上使用制动器。定桨距风机则必须在低速轴上使用制动器。由于风力发电机的低速轴转矩非常大，所以制动盘的直径比较大，有安装在主轴上的，也有将制动盘制成与联轴器一体的；制动钳一般至少使用两个，直接安装在风机底盘的支架上。

（3）偏航制动器

偏航制动器制动盘是以塔架上的法兰盘作为制动盘，由于风力发电机的机舱和风轮总共有几十吨到上百吨，所以转动起来转动惯量很大。为保证可靠制动一台风力发电机上至少需要 8 个偏航制动钳，除制动功能外，还要有阻尼功能以使偏航稳定。制动钳安装在底盘的安装支架上，用高强度螺栓固定。

4.3.4 制动系统零部件的要求

制动器在各种机械设备中使用广泛，已成为机械设备中的一种标准部件，设计及加工工艺很成熟，我国已形成一个庞大的制动器行业。只要用户提出使用要求，制动器厂即可生产出满足用户需要的配套产品。没有有关风力发电机制造厂生产制动器，因此我们只介绍风力发电机制动系统零部件的要求，以适应订货及检验验收需要，而不再介绍制动系统零部件的加工工艺。

（1）驱动机构的技术要求

包括驱动机构的选型和设计，应易于实现风力发电机组制动系统的自动控制功能。驱动机构的力学性能应与制动系统的设计要求一致。驱动机构的形式优先采用电磁驱动机构或液压驱动机构。

（2）驱动机构的性能要求

驱动机构产生的推力值的变化不应超过额定值的 5%。如果没有特别说明，驱动机构的响应时间不应大于 0.2s。驱动机构的动作应灵活可靠，准确到位。驱动机构中传递力和力矩的零部件应有足够的强度和刚度。

① 电磁制动多用于老式的风力发电机组中，是从起重机械运用比较成熟的产品移植到风力发电机上。它的结构原理是利用制动电磁铁，牵引杠杆式夹钳与弹簧压力相配合，实现对安装在轮轴上的制动盘或鼓夹紧制动。

装置分为通电制动和断电制动两种类型，断电制动在停电时制动，相对更为安全可靠，使用普遍。电磁制动的制动力随制动摩擦片的磨损，制动力会逐渐减小，没有自补偿功能，这是近年来风力发电机将其淘汰的原因。因此使用电磁驱动的制动器，必须定期检查摩擦片的磨损情况，发现摩擦片的磨损接近规定值时应立即更换。

电磁驱动机构，其电器外壳 保护等级不应低于 GB/T4942.1 中规定的 IP54 级。

② 液压系统是钳盘式制动器的驱动压力源。液压系统中普遍使用电磁阀，电磁阀便于实现远程集中控制；机械液压制动摩擦片磨损后具有自补偿功能，且制动力调整方便，只要调整制动系统溢流阀的溢流压力即可。所以现代风力发电机普遍采用机械液压制动系统。

风力发电机的液压系统是一个集中统一的系统，为风力发电机上的所有液压设备提供液压动力，这样可以降低成本，简化液压系统，减少占舱面积。有关液压系统的要求将在下一章中集中讲解。

液压驱动机构的管路连接和密封应具有可靠的密封性能。

（3）其他零部件的技术要求

① 空气制动装置的设计按 GB/T10300 的相关条款进行。

② 叶尖制动和顺桨制动装置动作应及时准确、灵活可靠、协调一致。

③ 制动盘应符合 JB/T7019 的规定。

④ 摩擦材料应符合 GB/T1239.4 的规定。

⑤ 摩擦衬垫的许用磨损量应予以规定，超过规定值时应及时更换。

⑥ 制动钳和制动盘的固定应采用高强度螺栓，固定力矩应符合设计要求。

4.4　制动系统的控制要求

制动系统的工作可靠性事关风力发电机组的安全，因此制动系统的控制是由风力发电机组的主控计算机进行。制动系统的软件控制程序被安排在最优先级别。主控计算机将监测系统传回的信号数据进行分析判断后，通过控制线路将控制指令传递给执行机构，由执行机构进行制动操作。

4.4.1　制动系统的控制方式

风力发电机的制动系统采用冗余控制方式，至少应设计有制动系统的正常控制逻辑和安全控制逻辑。在控制系统中，安全控制逻辑是比正常控制逻辑更高级的控制逻辑。这就使制动系统具有失效保护功能，当出现重大故障或驱动机构的能源装置失效时，制动系统能够使风力发电机组处于安全制动状态。各种控制逻辑的触发条件是：

① 在任何条件下不能同时触发不同的控制逻辑，一个制动过程在同一时刻只能从属于多种控制逻辑中一种特定的控制逻辑；

② 在同等条件下选择控制方式时，安全控制逻辑具有较高的优先级，即使在正常制动控制逻辑下的制动过程中，也应可以转移到安全控制逻辑；

③ 在各种控制逻辑中，高级别的控制逻辑应对低级别的控制逻辑具有保护作用，即

在正常控制逻辑失效时可以触发安全控制逻辑；

④ 制动系统的正常控制逻辑至少应可以启动正常制动方式和紧急制动方式，并可以根据不同的风力发电机组运行状态投入相应的工作方式；

⑤ 制动系统的安全控制逻辑至少应可以起动紧急制动方式，一定条件下可自动触发并使制动系统按预定程序投入到制动状态；

⑥ 在同一控制逻辑下，可以从低级制动方式向高级制动方式转移，即可以从正常制动方式向紧急制动方式转移；

⑦ 在任何控制逻辑下，同一种工作方式应具有一致性，但不同的控制逻辑可选择不同的制动工作方式。

4.4.2 制动系统的工作方式

制动系统应设定控制方式类型，至少应设计有正常制动方式和紧急制动方式。紧急制动方式是比正常制动方式更高一级的制动方式；一般情况下正常制动方式对应正常控制逻辑，紧急制动方式对应安全控制逻辑，特殊情况例外。各种工作方式下制动装置的投入顺序规定如下。

① 在任何条件下不能同时起动不同的工作方式，一个制动过程在同一时刻只能采用多种工作方式中一种特定的工作方式。

② 在同等条件下选择制动方式时，紧急制动方式具有较高的优先级，即使在正常制动过程中也可根据需要过渡到紧急制动方式。

③ 在正常制动方式下，制动装置应采用分时分级投入方式。按预定程序先投入一级制动装置，达到一定条件时，再按预定程序投入二级制动装置。

④ 在紧急制动方式下，一级制动装置和二级制动装置应同时按预定程序投入到制动状态，实现对风力发电机组的安全制动。

⑤ 在任何工作方式下，同一级的制动装置应能按预定程序投入到制动状态，并保持制动状态的稳定。

4.4.3 制动系统的操作模式

制动系统应适应风力发电机组操作模式。风力发电机组一般设有人工操作模式和自动控制模式，并可根据需要随时切换操作模式。人工操作模式一般用于风力发电机组的调试与维修，自动控制模式用于风力发电机组远程无人值守运行。对各种操作模式的要求如下：

① 在任何条件下，风力发电机组制动系统不能同时从属于两种操作模式，在同一时刻只能从属于一种特定的操作模式；

② 同等条件下选择操作模式时，人工操作模式和自动操作模式应具有相同的优先级，最后设置的操作模式为当前操作模式；

③ 在人工操作模式下，可根据风力发电机组的启动和停止需要，人为地使制动系统投入到制动状态或解除其制动状态；

④ 在自动控制模式下，只有控制系统能够根据相关条件，使制动系统投入到制动状态或解除其制动状态。

人工操作模式和自动操作模式应是相互独立的，但应在控制系统中设置自动操作模式的屏蔽装置。

4.4.4 制动控制系统的其他要求

在风力发电机组的解缆状态下不应解除制动状态，应在解缆状态结束并且相关的条件满足后，方可解除制动状态；在制动状态下方可进入解缆过程。

在风力发电机组的正常偏航状态下，满足条件时应可进入制动状态；在风力发电机组的制动状态下，满足条件时应可进入偏航状态。

4.5 制动系统试验方法

制动系统关系到风力发电机的安全，而制动系统的一些关键部件（如制动器、液压系统等）又是由配套企业生产，这些零部件经风力发电机总装厂装配后，才形成完整的制动系统，因此制动系统必须经过严格的试验才能投入使用。试验机构和人员应有相应的资格证明，试验时应遵守相应的安全操作规程。

4.5.1 试验准备

（1）试验条件

① 试验场地应具有风速为 15～25m/s 的出现概率，并应避免复杂的地形和障碍物。

② 试验应避免在特殊的气候（如雨、雪、结冰等）条件下进行。

③ 空载试验可在符合试验工艺条件的车间进行；运行试验应在符合规定条件的风电场进行。

④ 试验机组应随附有关技术数据、图样、使用说明书、安全操作规程、产品质量合格证等。

⑤ 试验机组的装配与安装应符合安装使用说明书或相关标准的规定。

（2）编制试验大纲并按规定程序进行确认

试验大纲应符合风力发电机组的安全操作规程。检查控制系统的控制逻辑及仪器仪表工作是否正确。记录试验时环境条件的有关数据：温度、湿度、气压、风速。

（3）试验用仪器、仪表

均应在计量部门检验合格的有效期内，并允许有一个二次校验源进行校验。试验中采用下列仪器、仪表：

① 温度计、风速传感器、风向传感器、气压计，按 GB/T18451.2—2003 中 7.2 的规定；

② 压力表，根据机组的液压系统压力范围确定，准确度不大于 1%；

③ 转速测量仪，测量准确度不大于 0.25r/min，转速范围 800～1600r/min；

④ 秒表，量程应大于 3 min，计时准确度小于 0.5s/min；

⑤ 塞尺，根据需要选定，准确度应小于 0.01mm；

⑥ 测力扳手，根据测量部位的力矩大小确定测力扳手的规格和准确度。

4.5.2 试验内容和方法

试验进行的顺序为：外观检查—装配质量检查—空载试验—运行试验。外观检查和装配质量检查可平行进行，而后两项试验则必须在前面的实验项目检查合格后方可进行。

（1）外观检查

① 检查下列零部件的表面状况是否完好、清洁：叶尖、叶片、变桨距机构、轮毂、主轴、齿轮箱、联轴器、发电机、制动器、制动盘。

② 检查下列零部件的装配状态是否符合设计要求：叶尖旋转机构、变桨距机构、机械制动器、制动盘、联轴器、齿轮箱、发电机、液压系统。

③ 绝缘和保护检查包括：电缆绝缘层有无剥落；电缆接头有无裸露；电气装置的固定是否符合设计要求，外壳是否完好。

④ 密封和渗漏检查应按装配技术要求进行。此检查为视觉检查，要求检验人员应有丰富的经验，并对机组有相当的了解。检查部位包括：液压管路的接头处、液压油缸、液压阀、液压泵站。同时应检查液压装置的外壳是否完好，固定是否符合设计要求。

检验记录应按 JB/T10426.2 附录 A 表 A.1 填写。

（2）装配质量

① 紧固力矩检查 紧固力矩检查应在规定装配状态下进行；检验时所使用的测力扳手应与检测的力矩相适应；检查项目应使用测力扳手按紧固件的数量进行随机抽检。当紧固件的数量少于 8 个时进行全检；当紧固件的数量大于 8 个少于 24 个时，随机抽检 1/2 但不少于 8 个；当紧固件的数量大于 24 个少于 36 个时，随机抽检 1/3 但不少于 12 个；当紧固件的数量大于 36 个时，随机抽检 1/4 但不少于 18 个；检验过程中，如果出现不符合项时，该部位的紧固件的紧固力矩应进行全部检查。紧固力矩检查的部位如下：

叶片与轮毂、轮毂与主轴、主轴与齿轮箱、齿轮箱与联轴器、联轴器与发电机、发电机与机架、主轴承座与机架、齿轮箱与机架、液压站与机架、塔架和基础、偏航轴承及偏航驱动装置、叶尖制动液压缸、变桨距机构、机械制动装置、液压系统管路与接头、电气装置的连接，电缆及导线的紧固状态。

② 装配精度 装配精度检查应在额定紧固力矩和规定装配状态下进行；非制动状态下的摩擦副间隙，用塞尺测量贴合部位的最大间隙和最小间隙；制动状态下的摩擦副的接合状况用着色法进行检验；变桨距机构和叶尖旋转机构的活动间隙应根据具体结构组成确定检验方法；制动力矩调整机构的调整状态按制动器的使用说明进行检验。装配精度检验部位和内容如下：机械制动器在非制动状态下的摩擦副间隙、机械制动器在制动状态时摩

擦副的接合状况、变桨距机构在自由状态时的活动间隙、叶尖旋转机构在释放状态时的活动间隙、制动器力矩调整机构的调整状态。

③ 机械机构的灵活性检查　机械机构的灵活性检查应在额定紧固力矩和规定装配状态下进行。本项检查应由经验丰富的专业人员检验，判定下列机械机构的活动是否正常和是否存在卡滞现象。

叶尖旋转机构、变桨距机构、制动器退距机构、制动器随位装置、制动器补偿机构。

检验结果应按 JB/T10426.2 附录 A 表 A.2 填写。

（3）空载试验

① 液压系统的工作状况试验

系统压力：启动风力发电机组，待运行稳定后通过观察压力表或相关信号，记录系统压力和各子系统的压力，必要时调至额定压力。

运行状态：在风力发电机组正常运行且液压系统压力正常状态下，分别调节相关系统的压力至额定值以下，观察并记录系统的响应。

② 电气系统的检验

控制信号的响应：在风力发电机组正常运行条件下，人为设置或通过控制系统设定有关的控制信号，观察并记录制动系统的响应。

报警信号的响应：在风力发电机组正常运行条件下，人为设置或通过控制系统设定有关的报警信号，观察并记录制动系统的响应。

反馈信号的响应：在风力发电机组正常运行条件下，人为设置与制动装置相关的触发信号，观察并记录制动系统的响应。

状态信号的显示：在风力发电机组正常运行条件下，观察并记录制动系统相关装置的状态与状态的信号显示是否一致。

③ 操作模式的有效性检验

自动控制模式：在风力发电机组正常运行条件下，将操作模式设为自动模式，试验并记录该模式下各种制动系统控制功能的响应。

人工操作模式：在风力发电机组正常运行条件下，将操作模式设为人工操作模式，试验并记录该模式下各种制动系统的响应。

自动模式屏蔽：在风力发电机组正常运行条件下，将自动模式设置为屏蔽状态，试验并记录自动模式下制动系统的响应。

④ 控制逻辑的有效性检验

正常控制逻辑：将风力发电机组设置为自动控制模式，待运行稳定后人为设置正常控制逻辑的触发报警信号，观察并记录其运行状态及制动系统的响应。

安全控制逻辑：将风力发电机组设置为自动控制模式，待运行稳定后人为设置安全控制逻辑的触发报警信号，观察并记录其运行状态及制动系统的响应。

控制逻辑触发：在上述试验的过程中，观察并记录各种报警信号触发的控制逻辑是否与设计的触发条件一致。

检验结果应按 JB/T10426.2 附录 A 表 A.3 填写。

（4）运行试验

① 操作模式试验

人工操作模式下制动系统的响应：将操作方式设为人工模式，启动风力发电机组，分别启动该模式下的各种控制功能，记录各种控制功能的系统响应。

自动控制模式下制动系统的响应：将操作方式设为自动模式，启动风力发电机组，观察并记录其运行状态和系统的各种响应，条件允许时可在低速状态人为触发紧急制动。

自动控制模式的屏蔽试验：将自动控制切断或屏蔽，启动风力发电机组，观察并记录风力发电机组在自动控制模式下制动系统的响应。

上述试验至少进行 3 次，试验结果按 JB/T10426.2 附录 B 表 B.1 填写。

② 控制方式试验

正常控制逻辑下制动系统的响应：将风力发电机组设为自动控制模式，观察并记录其运行状态和制动系统的响应，条件允许时可人为设置正常控制逻辑的触发信号。

安全控制逻辑下制动系统的响应：将风力发电机组设为自动控制模式，观察并记录其运行状态和制动系统的响应，条件允许时可人为设置安全控制逻辑的触发信号。

控制逻辑的触发条件试验：将风力发电机组设为自动控制模式，观察或人为设置适当的报警信号，记录制动系统的响应。

上述试验至少进行 3 次，试验结果按 JB/T10426.2 附录 B 表 B.1 填写。

③ 工作方式试验

正常制动方式的制动过程：在风力发电机组正常工作时，观察或人为设置适当的报警信号触发正常制动。记录一级制动装置和二级制动装置的投入顺序和投入过程。

紧急制动方式的制动过程：在风力发电机组正常工作时，观察或人为设置适当的报警信号触发紧急制动。记录一级制动装置和二级制动装置的投入顺序和投入过程。

两种制动方式的兼容性：在风力发电机组正常工作时，先投入正常制动，在正常制动过程中触发紧急制动，观察并记录制动系统的响应。

上述试验至少进行 3 次，试验结果按 JB/T10426.2 附录 B 表 B.1 填写。

④ 制动性能试验　应在风速大于 15m/s，且风力发电机组工作于额定功率附近的条件下进行。

正常制动方式的制动时间：在风力发电机组正常工作时，进行正常制动。用秒表读取从制动命令发出到风轮完全静止的时间，并记录。

紧急制动方式的制动时间：在风力发电机组正常工作时，进行紧急制动。用秒表读取从制动命令发出到风轮完全静止的时间，并记录。

上述试验至少进行 5 次，取其算术平均值作为相应的制动时间，试验结果按 JB/T10426.2 附录 B 表 B.1 填写。

⑤ 协调性试验　一般用于风力发电机组生产厂家的样机检验或用户有此项要求时。

偏航状态下的协调性：在风力发电机组正常工作时的偏航状态下，分别进行正常制动和紧急制动；在制动状态下触发偏航控制信号，观察并记录制动系统的响应。

解缆状态下的协调性：在风力发电机组的解缆状态下，人工启动风力发电机组；在机组正常工作状态触发解缆控制信号，观察并记录制动系统的响应。

本项试验至少进行 3 次，试验结果按 JB/T10426.2 附录 B 表 B.1 填写。

4.5.3 实验结果的处理

① 对于不符合 JB/T10426.1 和设计要求的实验项目，允许通过调试使该项目符合要求。

② 制动系统各项试验内容的实验结果，应按要求记录在规定的试验记录表中。

③ 被试验的风力发电机组按照本部分试验完毕后，应立即写出被试验的风力发电机组制动系统的实验报告。实验报告格式按 JB/T10426.2 附录 C。

4.5.4 制动系统的检验规则

制动系统的产品检验分为出厂检验和型式检验。

（1）出厂检验

产品出厂前由质量检验部门进行出厂检验，并做好质量检验记录；质量检验记录应作为产品合格证的支持文件。

（2）型式检验

有下列情况之一者，应进行型式检验：

① 新产品定型或老产品转厂试制鉴定时；

② 产品的设计、材料、工艺有重大改变时；

③ 产品长期停产达两年以上恢复生产时；

④ 产品正常生产时，每两年进行一次型式检验；

⑤ 国家技术质量监督部门提出要求时。

型式检验抽样方法如下。

① 新产品定型或老产品转厂试制鉴定时和产品的设计、材料、工艺有重大改变时；在试制的产品中采取 1～2 台样机。

② 产品长期停产达两年以上恢复生产时和国家技术质量监督部门提出要求时，在生产的产品中采取 1～2 台样机。

③ 产品正常生产时，在生产的产品中，由有关部门确定抽样方式。

（3）检验项目和方法

制动系统的检验项目和方法按照上一节所讲述的要求进行。

① 出厂检验项目包括：外观检查、装配质量、空载试验。

② 型式试验项目包括：操作模式试验、控制方式试验、工作方式试验、制动性能试验、协调性试验。

（4）判定准则

对规定的检验项目应按其检验类别全部进行检验；检验项目的技术状态应符合其原设计要求和相关标准；检验时可对检验项目的技术状态进行调试使其达到要求；如果调试后仍不能符合设计要求时，此项目判定为不合格。

（5）制动系统各零部件或总成的标志

制动系统各零部件或总成，应具有产品铭牌，包括以下内容：成品名称；注册商标；

企业名称；详细厂址；制造日期；产品编号；产品型号；产品重量；额定参数。

其他元件，应在醒目位置上做出与设计和制造代码相应的永久标志。

（6）各零部件或总成的包装运输

① 若合同规定作为总成或零部件供货时，应分别包装。

标准包装物上应标明：成品名称、产品数量、执行标准、搬运标记。

② 包装应随附下列文件：产品合格证书、备件清单、使用说明书。

制造厂应保证所供应的制动系统零部件，在用户妥善保管和正确使用的条件下，从使用之日起 24 个月内能正常工作，否则制造厂应无偿给予修理或更换。

③ 运输过程要求：

a. 产品在运输和吊装过程中严禁倒置、磕碰、冲击；

b. 产品在运输和吊装过程中应能防止雨、雪、水的侵蚀和阳光暴晒。

其余按 GB/T13384 的规定执行。

思考题 ？

4-1　简述制动器的工作原理。

4-2　制动器有哪些主要装置？装置的主要作用？

4-3　制动器怎样分类？

4-4　制动器设计时要考虑哪些问题？它的设计要求是什么？

4-5　风力发电机制动形式主要有几种？各种制动形式的制动原则是什么？

4-6　简述机械制动器和空气制动器的区分。它们制动时是如何动作的？

4-7　风力发电机组制动器各种工作方式下制动装置的投入顺序是怎样的？

4-8　制动器的控制要求是什么？

4-9　制动器在使用前需要做哪些试验？试验的内容和方法有哪些？

4-10　风力发电机组在运行过程中制动器可能会发生哪些故障？如何处理这些故障？

实训四　风力发电机主制动和偏航制动

一、实训目的

① 了解制动器的结构和工作原理。

② 掌握在不同制动条件下，一级制动装置和二级制动装置的制动顺序、制动时间、制动压力。

二、实训内容

① 正常制动方式的制动过程　观察或人为设置适当的报警信号触发正常制动。记录一级制动装置和二级制动装置的投入顺序和投入过程和制动时间。

② 紧急制动方式的制动过程　观察或人为设置适当的报警信号触发紧急制动。记录一级制动装置和二级制动装置的投入顺序和投入过程和制动时间。

③ 两种制动方式的兼容性　在风力发电机组正常工作时，先投入正常制动，在正常

制动过程中触发紧急制动，观察并记录制动系统的响应和制动时间。

三、实训步骤

四、实训思考题

① 简述制动器的主要功能和工作原理。

② 一级制动装置和二级制动装置有何区别？针对不同类型的风力发电机，它们的作用有何不同？

③ 制动系统可能会出现哪些故障？如何处理这些故障？

五、实训报告要求

学生通过实训完成实训报告。实训报告的要求如下：

① 实训班级、姓名；

② 实训内容及步骤；

③ 实训中遇到的问题及解决方法；

④ 实训体会。

第5章

液压系统

5.1 液压系统的功能

风力发电机的液压系统属于风力发电机的一种动力系统，主要功能是为变桨控制装置、安全桨距控制装置、偏航驱动和制动装置、停机制动装置提供液压驱动力。风机液压系统是一个公共服务系统，它为风力发电机上一切使用液压作为驱动力的装置提供动力。在定桨距风力发电机组中，液压系统的主要任务是驱动风力发电机组的气动刹车和机械刹车。在变桨距风力发电机组中，液压系统主要控制变距机构，实现风力发电机组的转速控制、功率控制，同时也控制机械刹车机构。

5.1.1 液压系统概述

（1）液压工作原理

在特定的机械、电子设备内，利用液体介质的静压力，完成能量的蓄积、传递、控制、放大，实现机械功能的轻巧化、精细化、科学化和最大化。

（2）液压技术的特点

液压系统的基本功能是以液体压力能的形式进行便于控制的能量传递。从能量传递方面看，液压技术大致处于机械式能量传递和电气式能量传递之间的位置。

液压技术的特点如下。

① 可实现大范围的无级调速（调速范围达 2000∶1），即能在很宽的范围内很容易地

调节力与转矩。

② 控制性能好，对力、速度、位置等指标能以很高的响应速度正确地进行控制，很容易实现机器的自动化。当采用电液联合控制时，不仅可实现更高程度的自动控制过程，而且可以实现遥控。

③ 体积小，重量轻，运动惯性小，反应速度快，动作可靠，操作性能好。

④ 可自动实现过载保护。一般采用矿物油作为工作介质，相对运动面可自行润滑，使用寿命长。

⑤ 可以方便地根据需要使用液压标准元件、灵活地构成实现任意复杂功能的系统。

液压系统也存在一些问题：效率较低；泄漏污染场地，而且可能引起火灾和爆炸事故；工作性能易受到温度变化的影响，不宜在很高或很低的温度条件下工作；由于液体介质的泄漏及可压缩性影响，不能得到严格的传动比。

5.1.2 液压系统的基本组成

液压系统的组成部分称为液压元件。根据液压元件的功能分类如下。

① 动力元件　动力元件的作用是将原动机的机械能转换成液体（主要是油）的压力能，是指液压系统中的油泵，向整个液压系统提供压力油。液压泵的常见结构形式有齿轮泵、叶片泵和柱塞泵。

② 控制元件　控制元件（即各种液压阀）的作用是在液压系统中控制和调节液体的压力、流量和方向，以满足执行元件对力、速度和运动方向的要求。根据控制功能的不同，液压阀可分为压力控制阀、流量控制阀和方向控制阀。压力控制阀又分为溢流阀（安全阀）、减压阀、顺序阀、压力继电器等；流量控制阀包括节流阀、调整阀、分流集流阀等；方向控制阀包括单向阀、液控单向阀、换向阀等。根据控制方式不同，液压阀可分为开关式控制阀、定值控制阀和比例控制阀。

③ 执行元件　执行元件是把系统的液体压力能转换为机械能的装置，驱动外负载做功。旋转运动用液压马达，直线运动用液压缸，摆动用液压摆动马达。

④ 辅助元件　辅助元件是传递压力能和液体本身调整所必需的液压辅件，其作用是储油、保压、滤油、检测等，并把液压系统的各元件按要求连接起来，构成一个完整的液压系统。辅助元件包括油箱、蓄能器、滤油器、油管及管接头、密封圈、压力表、油位计、油温计等。

⑤ 液压油　液压油是液压系统中传递能量的工作介质，有各种矿物油、乳化液和合成型液压油等几大类。

5.1.3 液压系统原理图

液压系统原理图是使用国家标准规定的代表各种液压元件、辅件及连接形式的图形符号，组成用以表示一个液压系统工作原理的简图。它是按照液压系统控制流程的逻辑关系画出的图纸，能帮助掌握液压系统的工作原理。一个液压系统是由液压元件和液压回路构成，用以控制和驱动液压机械完成所需工作的整个传动系统。

元件是由数个不同零件组成的,用以完成特定功能的组件。如液压缸、液压马达、液压泵、阀、油箱、过滤器、蓄能器、冷却器和管接头等;这些元件有些是通用的、标准化的。液压回路是完成某种特定功能、由元件构成的典型环节。

(1)液压系统原理图的绘制原则

① 液压系统图形符号、标记画法应符合 GB/T 786.1—1993。元件的图形符号应符合 GB/T 4728.2 的规定。计量单位应符合国家法定计量单位的规定。

② 液压执行机构应以示意简图表示,并标注名称。

③ 主管路(如压力管路、回油管路、泄油管路等)和连接液压执行元件的管路应标注管路外径和壁厚。

④ 压力控制元件应标注压力调定值。压力充气元件或部件应标注充气压力。

⑤ 温度控制元件应标注温度整定值。

⑥ 电动机和电气触点、电磁线圈应标注代号。

⑦ 每个元件应编上数字件号,相同型号的元件同时应标注排列顺序号。

⑧ 构成独立液压装置的液压回路应采用双点画线划分区域和标注代号。

⑨ 液压系统各组装部件之间的接口应标注代号。

(2)液压传动原理图阅读方法

① 了解液压系统的用途,工作循环,应具有的性能和对液压系统的各种要求等。

② 根据工作循环,工作性能和要求等,分析需要哪些基本回路,并弄清各种液压元件的类型,性能,相互间的联系和功用。根据工作循环和工作性能要求分析必须具有哪些基本回路,并在液压传动原理图上逐一地查找出每个回路。

③ 按照工作循环表,仔细分析并依次写出完成各个动作的相应油液流经路线。为了便于分析,在分析之前最好将液压系统中的每个液压原件和各条油路编上号码。这样,对分析复杂油路,动作较多的系统特别重要。标油液流经路线时要分清主油路和控制油路。对主油路,应从液压泵开始写,一直写到执行元件,这就构成了进油路线;然后再从执行元件回油泄到油箱(闭式系统回到液压泵)。

这样分析目标明确,不易混乱。在分析各种状态时,要特别注意系统从一种工作状态转换到另一种工作状态,是由哪些元件发出的信号,使哪些控制元件动作,从而改变哪个通路状态,达到何种状态的转换。在阅读时还要注意,主油路和控制油路是否有矛盾,是否相互干扰等。在分析各个动作油路的基础上,列出电磁铁和其他转换元件动作顺序表。

(3)液压系统图阅读示例

现用图 5-1 来说明液压传动系统的工作原理。

当电动机带动油泵运转时,油泵从油箱经滤油器吸油,并从其排油口排油,也就是把经过油泵获得了液压能的油液排入液压系统。

在图示状态,即换向阀手把位于中位时,油泵排出的油液经排油管—节流阀—换向阀 P 口—换向阀 O 口—回油箱。

如果把换向阀手把推向左位,则该阀阀芯把 P、A 两口沟通,同时,B、O 两口也被沟通,油泵排出的油液经 P 口—A 口—液压缸上腔;同时,液压缸下腔的油液—B 口—O 口—回油箱,这样液压油缸上腔进油,下腔回油,活塞在上腔油压的作用下带动活塞杆一

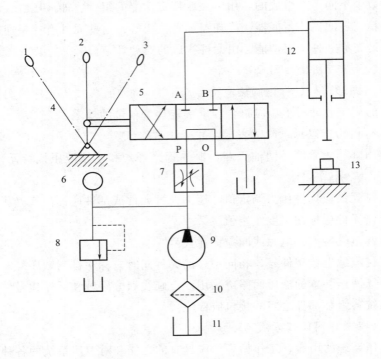

图 5-1　液压系统原理图

1—左位；2—中位；3—右位；4—手把；5—换向阀；6—压力表；7—节流阀；
8—溢流阀；9—液压泵；10—滤油器；11—油箱；12—液压缸；13—工件

起向下运动。当活塞向下运行到液压油缸下端极限位置时，运行停止，然后可根据具体工作需要或溢流阀保压停止，或使活塞杆返回原位。

如果需要活塞杆向上运动返回原位，则应把换向阀手把推向右位，这时 P 口、B 口被阀芯通道沟通，油泵排出的油液经—P 口—B 口—液压缸下腔；同时液压缸上腔的油液经—A 口—O 口（当换向阀沟通 P 口、B 口时，也同时沟通了 A 口、O 口）—回油箱。这样，液压缸下腔进油，上腔回油，活塞在下腔油压的作用下，连同活塞杆一起向上运动返回原位，通过操纵换向阀手把的左、中、右位置，可以分别实现液压缸活塞杆的伸、停、缩三种运动状态。手把不断左右换位，活塞带动活塞杆就不断地做往复直线运动。

系统中的节流阀可用来调节液压缸活塞杆运动速度的快慢；溢流阀用于稳压和限制系统压力；压力表用来观测系统压力；滤油器用于过滤液压泵吸的油；油箱用于储油和沉淀油液杂质。

（4）液压伺服系统工作原理

液压伺服系统以其响应速度快、负载刚度大、控制功率大等独特的优点在工业控制中得到了广泛的应用。电液伺服系统通过使用电液伺服阀，将小功率的电信号转换为大功率的液压动力，从而实现了一些重型机械设备的伺服控制。液压伺服系统是使系统的输出量，如位移、速度或力等，能自动地、快速而准确地跟随输入量的变化而变化，与此同时，输出功率被大幅度地放大。液压伺服系统的工作原理可由图 5-2 来说明。

　　图 5-2 所示为一个对风力发电机液压变桨距系统进行连续控制的电液伺服系统。在轮毂 1 中，叶片 2 的转角 θ 变化会产生节流作用而起到调节流量 Q_t 的作用。叶片转动由液压缸上的齿条带动扇形齿轮来实现。这个系统的输入量是电位器 5 的给定值 X_i。对应给定值 X_i，有一定的电压输给放大器 7，放大器将电压信号转换为电流信号加到伺服阀的电磁线圈上，使阀芯相应地产生一定的开口量 X_v。阀开口 X_v 使液压油进入液压缸上腔，推动液压缸向下移动。液压缸下腔的油液则经伺服阀流回油箱。液压缸的向下移动，使齿轮、齿条带动叶片产生偏转。同时，液压缸活塞杆也带动电位器 6 的触点下移。当活塞杆移动量 X_p 所对应的电压与 X_i 所对应的电压相等时，两电压之差为零。这时，放大器的输出电流亦为零，伺服阀关闭，液压缸带动的叶片停在相应 Q_t 的位置。

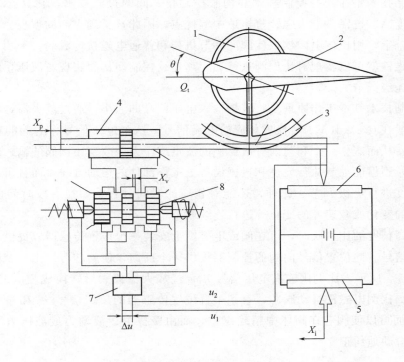

图 5-2　液压变桨距的电液伺服系统

1—轮毂；2—叶片；3—齿轮、齿条；4—液压缸；5—给定电位器；6—流量电位器；

7—放大器；8—电液伺服阀

　　在控制系统中，将被控对象的输出信号回输到系统的输入端，并与给定值进行比较而形成偏差信号，以产生对被控对象的控制作用，这种控制形式称之为反馈控制。反馈信号与给定信号符号相反，即总是形成差值，这种反馈称之为负反馈。用负反馈产生的偏差信号进行调节，是反馈控制的基本特征。在图 5-2 所示的实例中，电位器 6 就是反馈装置，偏差信号就是给定信号电压与反馈信号电压在放大器输入端产生的 Δu。

5.2 风力发电机液压系统

液压变桨距控制在我国的研究刚刚起步。在对我国进口风力机如 Vestas、GE 等公司液压变桨控制系统现场调研的基础上，设计了以比例阀为控制核心的液压控制系统，并对系统关键元件进行了选型。

5.2.1 比例控制技术

液压变桨距控制系统中采用了比例控制技术。为了便于理解，这里先对比例控制技术作简要介绍。

比例控制技术是在开关控制技术和伺服控制技术间的过渡技术，它具有控制原理简单、控制精度高、抗污染能力强、价格适中等优点，因此，受到人们的重视。它是在普通液压阀的基础上，用比例电磁铁取代阀的调节机构和普通电磁铁构成的。采用比例放大控制器控制电磁铁就可以实现对比例阀进行远距离连续控制，从而实现对液压系统压力、流量、方向的无级调节。

比例控制技术基本工作原理是：根据输入电压信号的大小，通过放大器，将该输入电压信号（一般在 $0\sim\pm10V$）转换成相应的电流信号。这个电流信号作为阀的输入量送入比例电磁铁，从而产生一个和与前者成比例的流量或压力。改变比例阀的输入电压信号的大小和正负，不但能控制执行元件和机械设备上工作部件的运动方向，而且可以对其作用力和运动速度进行无级调节。此外，还能对相应的时间过程，如在一段时间内流量的变化，加速度的变化或减速度的变化等进行连续调节。

当需要高精度的比例阀时，可在阀或电磁铁上安装一个位置传感器以提供与阀芯位移成比例的电信号。此位置信号向阀的控制器提供一个反馈，使阀芯可以由一个闭环系统来定位。如图 5-3 所示，比例阀输入电压信号 u_i，经放大器放大后转换成相应的电流信号，驱动电磁铁。比例电磁铁推动阀芯，直到来自位置传感器的反馈信号 x_f 和输入电压信号 u_i 相等。因而可以使阀芯在阀体中精确定位，而由摩擦力、液动力或液压力所引起的所有干扰都被自动地纠正。

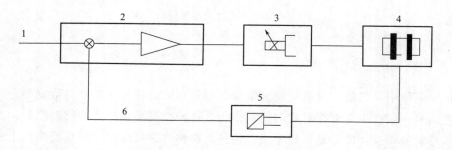

图 5-3　比例阀阀芯位置反馈示意图

1—输入信号 u_i；2—放大器；3—电磁铁；4—阀；5—位置传感器；6—反馈信号 x_f

通常用于阀芯位置反馈的传感器为如图 5-4 所示的非接触式 LVDT（线性可变差动变压器）。LVDT 由绕在与电磁铁推杆相连的软铁铁芯上的一个一次绕组和两个二次绕组组成。一次绕组由高频交流电源供电？它在铁芯中产生变化的磁场，该磁场通过变压器作用在两个二次绕组中感应出电压。如果两个二次绕组对置连接，则当铁芯居中时，每个绕组中产生的感应电压将抵消，净输出为零。随着铁芯离开中心，一个二次绕组中的感应电压提高而另一个降低。于是产生一个净输出电压，其大小与运动量成比例，而相位移指示运动方向。该输出可以供给一个相敏整流器（解调器），并产生一个与运动成比例且极性取决于运动方向的直流信号。

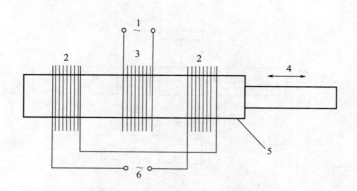

图 5-4　阀芯位置反馈传感器工作原理

1—输入；2—二次绕组；3—一次绕组；4—运动；5—铁芯；6—输出

控制放大器的原理如图 5-5 所示。输入信号可以是可变电流或电压。根据输入信号的极性，阀芯两端的比例电磁铁将有一个通电，使阀芯向某一侧移动。放大器为两个运动方向设置了单独的增益调整，可用于微调阀的特性和设置最大流量。还设置了一个斜坡发生

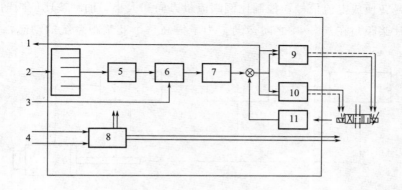

图 5-5　控制放大器原理图

1—启用；2—输入；3—斜坡启用；4—电源；5—增益；6—斜坡；7—死区补偿；
8—内部电源；9，10—功率放大；11—反馈

器，此斜坡发生器可以通过接线启动或禁止，并且可以调整斜波时间。还针对每个输出极设置了死区补偿调整，这使得可用电子方法消除阀芯遮盖的影响。使用位置传感器的比例阀意味着阀芯是位置控制的，即阀芯在阀体中的位置取决于输入信号，而与流量、压力或摩擦力无关。位置传感器提供一个 LVDT 反馈信号。此反馈信号与输入信号相加所得到的误差信号驱动放大器的输出极。在放大器面板上设有输入信号和 LVDT 反馈信号的监测点。

当比例控制系统设有阀芯位置反馈信号时，可实现对阀芯位置精度较好的闭环控制，其控制方框图如图 5-6 所示。

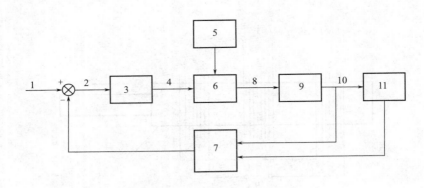

图 5-6　闭环控制比例系统方框图

1—输入信号；2—差值电压；3—放大器；4—电流；5—液压源；6—比例阀；7—检测反馈元件；
8—流量压力；9—液压缸；10—位置力；11—被控对象

5.2.2　风力发电机液压系统控制

液压变桨距控制系统对桨距角的控制是通过比例阀实现的，如图 5-7 所示。控制器根据主控系统的桨距角参考指令计算出比例阀的控制电压（0.1～10V），比例阀自带的放大器将电压信号转换成电流信号，控制比例阀流量方向和大小。油缸按比例阀输出的方向和流量驱动叶片桨距角在 0°～90°之间运动。为了提高整个变桨距系统的动态性能，在油缸

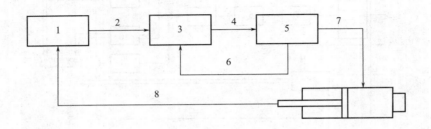

图 5-7　液压变桨距控制示意图

1—轮毂控制器；2——10～10V；3—比例放大器；4—控制电流；5—比例阀；
6—阀芯位移反馈；7—压力油；8—油缸位移反馈

内也装有位移传感器。

（1）定桨距风力发电机组的液压系统

定桨距风力发电机组的液压系统实际上是制动系统的执行机构，主要用来执行风力发电机组的开关机指令。通常它由两个压力保持回路组成，一路通过蓄能器供给叶尖扰流器，另一路通过蓄能器供给机械刹车机构。这两个回路的工作任务是使机组运行时制动机构始终保持压力。当需要停机时，两回路中的常开电磁阀先后失电，叶尖扰流器一路压力油被泄回油箱，叶尖动作；稍后，机械刹车一路压力油进入刹车油缸，驱动刹车夹钳，使叶轮停止转动。在两个回路中各装有两个压力传感器，以指示系统压力，控制液压泵站补油和确定刹车机构的状态。

图 5-8 为 FD43-600kW 风力发电机组的液压系统。由于偏航机构也引入了液压回路，它由 3 个压力保持回路组成。图左侧是气动刹车压力保持回路，压力油经液压泵 2 经滤油器 4 进入系统。溢流阀 6 用来限制系统最高压力。开机时电磁阀 12-1 接通，压力油经单向阀 7-2 进入蓄能器 8-2，并通过单向阀 7-3 和旋转接头进入气动刹车油缸。压力开关由

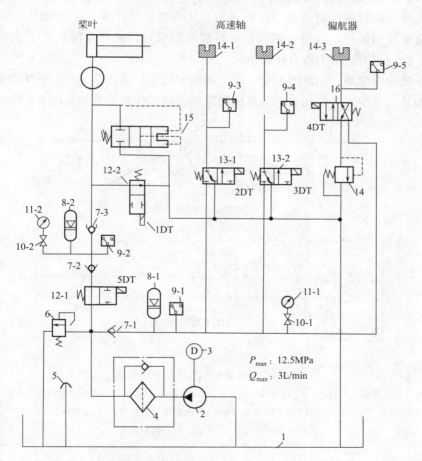

图 5-8　定桨距风力发电机组的液压系统

1—油箱；2—液压泵；3—电动机；4—精滤油器；5—油位指示器；6—溢流阀；7—单向阀；8—蓄能器；

9—压力开关；10—节流阀；11—压力表；12—电磁阀（1）；13—电磁阀（2）；14—制动夹钳；

15—突开阀；16—电磁阀（3）

蓄能器的压力控制，当蓄能器压力达到设定值时，开关动作，电磁阀 12-1 关闭。运行时，回路压力主要由蓄能器保持，通过液压油缸上的钢索拉住叶尖扰流器，使之与叶片主体紧密结合。

电磁阀 12-2 为停机阀，用来释放气动刹车油缸的液压油，使叶尖扰流器在离心力作用下滑出；突开阀 15，用于超速保护，当叶轮飞车时，离心力增大，通过活塞的作用，使回路内压力升高；当压力达到一定值时，突开阀开启，压力油泄回油箱。突开阀不受控制系统的指令控制，是独立的安全保护装置。

图中间是两个独立的高速轴制动器回路，通过电磁阀 13-1、13-2 分别控制制动器中压力油的进出，从而控制制动器动作。工作压力由蓄能器 8-1 保持。压力开关 9-1 根据蓄能器的压力控制液压泵电动机的停、启。压力开关 9-3、9-4 用来指示制动器的工作状态。

右侧为偏航系统回路，偏航系统有两个工作压力，分别提供偏航时的阻尼和偏航结束时的制动力。工作压力仍由蓄能器 8-1 保持。由于机舱有很大的惯性，调向过程必须确保系统的稳定性，此时偏航制动器用作阻尼器。工作时，4DT 得电，电磁阀 16 左侧接通，回路压力由溢流阀保持，以提供调向系统足够的阻尼；调向结束时，4DT 失电，电磁阀右侧接通，制动压力由蓄能器直接提供。

由于系统的内泄漏、油温的变化、及电磁阀的动作，液压系统的工作压力实际上始终处于变化的状态之中。其气动刹车与机械刹车回路的工作压力分别如图 5-9 所示。

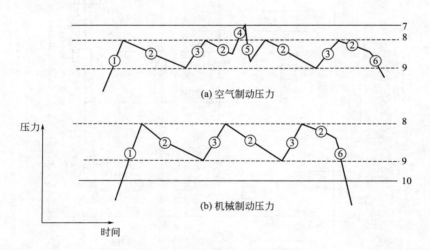

(a) 空气制动压力

(b) 机械制动压力

图 5-9　气动刹车与机械刹车压力图

1—开机时液压泵启动；2—内泄漏引起的；3—液压泵重新启动；4—温升引起的压力升高；

5—电磁阀动作引起的压力降；6—停机时电磁阀打开；7—溢流阀；

8—泵停止；9—泵启动；10—低压警告

图中虚线之间为设定的工作范围。当压力由于温升或压力开关失灵超出该范围一定值时，会导致突开阀误动作，因此必须对系统压力进行限制，系统最高压力由溢流阀调节。而当压力同样由于压力开关失灵或液压泵站故障低于工作压力下限时，系统设置了低压警告线，以免在紧急状态下，机械刹车中的压力不足以制动风力发电机组。

（2）变桨距风力发电机组的液压系统

变桨距风力发电机组的液压系统与定桨距风力发电机组的液压系统很相似，也由两个压力保持回路组成。一路由蓄能器通过电液比例阀供给叶片变桨距油缸，另一路由蓄能器供给高速轴上的机械刹车机构。图5-10为VESTASV39型风力发电机组液压系统。

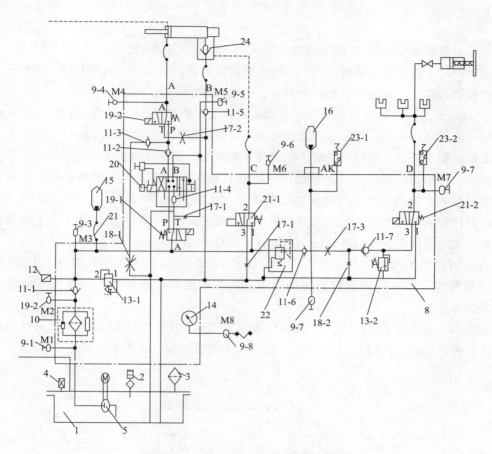

图 5-10　变桨距风力发电机组液压系统

1—油箱；2—油位开关；3—空气滤清器；4—温度传感器；5—液压泵；6—联轴器；7—电动机；8—主模块；

9—压力测试口；10—滤油器；11—单向阀；12—压力传感器；13—溢流阀；14—压力表；

15,16—蓄能器；17—节流阀；18—可调节流阀；19—电磁阀；20—比例阀；

21—电磁阀；22—减压阀；23—压力开关；24—先导止回阀

① 液压泵站的动力源是液压泵5，为变距回路和制动器回路所共用。液压泵安装在油箱油面以下并通过联轴器6，由油箱上部的电动机驱动。泵的流量变化根据负载而定。

液压泵由压力传感器12的信号控制。当泵停止时，系统由蓄能器15和16保持压力。系统的工作压力设定范围为13.0～14.5MPa。当压力降至13MPa以下时，泵启动；在14.5MPa时，泵停止。在运行、暂停和停止状态，泵根据压力传感器的信号自动工作，在紧急停机状态，泵将被迅速断路而关闭。

压力油从泵通过高压滤油器10和单向阀11-1传送到蓄能器15和16。滤油器上装有旁通阀和污染指示器，它在旁通阀打开前起作用。阀11-1在泵停止时阻止回流。紧跟在滤油器外面，先后有两个压力表连接器（M1 和 M2），它们用于测量泵的压力或滤油器两端的压力降。测量时将各测量点的连接器通过软管与连接器 M8 上的压力表 14 接通。溢流阀13-1是防止泵在系统压力超过 14.5MPa 时继续泵油进入系统的安全阀。在蓄能器 15因外部加热情况下，溢流阀 13-1 会限制气压及油压升高。

节流阀 18-1 用于抑制蓄能器预压力并在系统维修时，释放来自蓄能器 15 的压力油。

油箱上装有油位开关 2，以防油溢出或泵在无油情况下运转。

油箱内的油温由装在油池内的 Pt100 传感器测得，出线盒装在油箱上部。油温过高时会导致报警，以免在高温下泵的磨损，延长密封的使用寿命。

② 液压变浆距控制机构属于电液伺服系统，变浆距液压执行机构是桨叶通过机械连杆机构与液压缸相连接，节距角的变化同液压缸位移基本成正比。

变浆控制系统的节距控制是通过比例阀来实现的。控制器根据功率或转速信号给出一个 $-10 \sim +10$V 的控制电压，通过比例阀控制器转换成一定范围的电流信号，控制比例阀输出流量的方向和大小。点画线内是带控制放大器的比例阀，设有内部 LVDT 反馈。变距油缸按比例阀输出的方向和流量操纵叶片节距在 $-5° \sim 88°$ 之间运动。为了提高整个变距系统的动态性能，在变距油缸上也设有 LVDT 位置传感器。

在比例阀至油箱的回路上装有 $0 \sim 1$MPa 单向阀 11-4。该单向阀确保比例阀 T 口上总是保持 0.1MPa 压力，避免比例阀阻尼室内的阻尼"消失"导到该阀不稳定而产生振动。

比例阀上的红色 LED（发光二极管）指示 LVDT 故障，LVDT 输出信号是比例阀上滑阀位置的测量值，控制电压和 LVDT 信号相互间的关系，如图 5-11 所示。

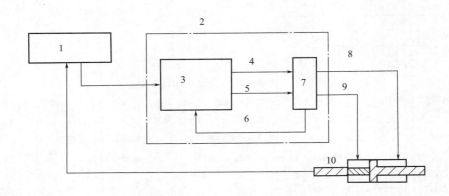

图 5-11　节距控制示意图

1—DCS 控制模块；2—带电子装置的比例阀；3—比例阀控制器；4—控制电流；5—控制电流；
6—位移反馈信号；7—比例阀；8—A 压力油；9—B 压力油；10—位置传感器

③ 液压系统在运转缓停时的工作情况。电磁阀 19-1 和 19-2（紧急顺桨阀）通电后，使比例阀上的 P 口得到来自泵和蓄能器 15 压力。节距油缸的左端（前端）与比例阀的 A口相连。

电磁阀 21-1 通电后，从而使先导管路（虚线）增加压力。先导止回阀 24 装在变距油缸后端靠先导压力打开，以允许活塞双向自由运动。

把比例阀 20 通电到"直接"（P-A，B-T）时，压力油即通过单向阀 11-2 和电磁阀 19-2 传送 P-A 到缸筒的前端。活塞向右移动，相应的叶片节距向－5°方向调节，油从油缸右端（后端）通过先导止回阀 24 和比例阀（B 口至 T 口）回流到油箱。

把比例阀通电到"跨接"（P-B，A-T）时，压力油通过止回阀传送 P-B 进入油缸后端，活塞向左移动，相应的叶片节距向＋88°方向调节，油从油缸左端（前端）通过电磁阀 19-2 和单向阀 11-3 回流到压力管路。由于右端活塞面积大于左端活塞面积，使活塞右端压力高于左端的压力，从而能使活塞向前移动。

④ 液压系统在停机/紧急停机时的工作情况。停机指令发出后，电磁阀 19-1 和 19-2 断电，油从蓄能器 15 通过阀 19-1 和节流阀 17-1 及阀 24 传送到油缸后端。缸筒的前端通过阀 19-2 和节流阀 17-2 排放到油箱，叶片变距到＋88°机械端点而不受来自比例阀的影响。

电磁阀 21-1 断电时，先导管路压力油排放到油箱；先导止回阀 24 不再保持在双向打开位置，但仍然保持止回阀的作用，只允许压力油流进缸筒。从而使来自风的变桨力不能从油缸左端方向移动活塞，避免向－5°的方向调节叶片节距。

在停机状态，液压泵继续自动停/启运转。顺桨由部分来自蓄能器 15，部分直接来自泵 5 的压力油来完成。在紧急停机位时，泵很快断开，顺桨只由来自蓄能器 15 的压力油来完成。为了防止在紧急停机时，蓄能器内油量不够变距油缸一个行程，紧急顺桨将由来自风的自变桨力完成。油缸右端将由两部分液压油来填补：一部分来油缸左端通过电磁阀 19-2、节流阀 17-2、单向阀 11-5 和 24 的重复循环油；另一部分油来自油箱通过吸油管路及单向阀 11-5 和 24。

紧急顺桨的速度由两个节流阀 17-1 和 17-2 控制，并限制到约 9°/s。

⑤ 制动机构 制动系统由泵系统通过减压阀 22 供给压力源。

蓄能器 16 是确保能在蓄能器 15 或泵没有压力的情况下也能工作。

可调节流阀 18-2 用于抑制蓄能器 16 的预充压力或在维修制动系统时，用于来自释放的油。

压力开关 23-1 是常闭的，当蓄能器 16 上的压力降低于 15MPa 时打开报警。

压力开关 23-2 用于检查制动压力上升，包括在制动器动作时。

溢流阀 13-2 防止制动系统在减压阀 22 误动作或在蓄能器 16 受外部加热时，压力过高（2.3MPa）。过高的压力即过高的制动转矩，会造成对传动系统的严重损坏。

液压系统在制动器一侧装有球阀，以便螺杆活塞泵在液压系统不能加压时，用于制动风力发电机组。打开球阀、旋上活塞泵，制动卡钳将被加压，单向阀 17-7 阻止回流油向蓄能器 16 方向流动。要防止在电磁阀 21-2 通电时加压，这时制动系统的压力油经电磁阀排回油箱，加不上来自螺杆活塞泵的压力。在任何一次使用螺杆泵以后，球阀必须关闭。

a. 运行/暂停/停机。开机指令发出后，电磁阀 21-2 通电，制动卡钳排油到油箱，刹车因此而被释放。暂停期间保持运行时的状态。停机指令发出后，电磁阀 21-2 失电，来自蓄能器 16 的和减压阀 22 压力油可通过电磁阀 21-2 的 3 口进入制动器油缸，实现停机时的制动。

b. 紧急停机。电磁阀 21-2 失电，蓄能器 16 将压力油通过电磁阀 21-2 进入制动卡钳油缸。制动油缸的速度由节流阀 17-4 控制。

5.3 风力发电机组液压系统的设计要求

5.3.1 风力发电机对液压系统的基本要求

风力发电机液压系统的设计应满足一些基本要求：工作原理简单、易行、完善，节能、高效，成本低廉；工作安全可靠；运行正常，维护方便；噪声小、无渗漏，满足设计寿命大于 20 年的要求。

(1) 液压系统的设计条件

液压行业是机械工业中十分成熟的行业，具有专业化生产的优势，所以风力发电机的液压系统都是由风力发电机总装厂进行设计，委托液压件厂生产制造零部件，在风机总装时进行液压系统的安装。

在与液压件厂的技术协议或设计任务书中必须明确以下内容：

① 风力发电机组的额定功率；

② 风力发电机组的结构形式、工作方式、系统工作的环境温度等级（高温：—25～50℃；常温：—20～40℃；低温：—30～40℃）、湿度及其变化范围；

③ 对于高温和易燃环境、外界扰动（如冲击、振动等）、高海拔（1000m 以上）、严寒地区以及高精度、高可靠性等特殊情况下的系统设计、制造及使用要求；

④ 液压执行元件、液压泵站、液压阀台及其他液压装置的安装位置；

⑤ 液压执行机构的性能、运动参数、安装方式和有关特殊要求（如保压、泄压、同步精度及动态特性等）；

⑥ 操作系统的自动化程度和联锁要求；

⑦ 系统使用工作油的种类；

⑧ 明确用户电网参数。

(2) 液压系统的设计原则

液压系统的设计和结构应满足有关标准的要求，并应考虑下列因素。

① 元件（泵、管路、阀门、液压缸）的尺寸应适当，以保证其所需的反应时间、动作速度、作用力；运行期间，液压组件中的压力波动可能导致的疲劳破坏。

② 控制功能与安全系统应能完全分离；液压系统应设计在无压力或液压失效情况下，系统仍能处于安全状态。

③ 液压缸（如风轮制动机构、叶片变桨距机构、偏航制动机构等）仅在具有压力时才能实现其安全功能，液压系统应设计成在动力供给失效后能使机组保持在安全状态的时

间不少于 5 天。

④ 机组设计应满足运行气候条件（油/液体黏度、可能的冷却、加热等）。

⑤ 泄漏不应对其功能产生有害影响，如出现泄漏应能进行监控，并对风力发电机组进行相应的控制。

⑥ 如液压缸在液压动作下沿两个方向移动，应设计成"液压加载"式。

⑦ 布置管路时，应考虑组件间的相互运动和由此产生的作用于管子上的动应力。

（3）液压系统的节能安全要求

① 设计液压系统时，应考虑系统效率（应选用节能元件、节能回路等），使系统的发热减至最低程度。

② 系统设计应考虑各种可能发生的事故。系统的功能设置，元件的选择、应用、配置和调节等，应首先考虑人员的安全和事故发生时设备损坏最小。系统应有过压保护装置。

③ 液压系统设计与调整，应使冲击力最小。冲击力不致影响设备正常工作和引起危险。

④ 液压元件的使用应符合相应的实用特性、技术参数和性能的要求。

⑤ 液压元件的安装位置应能安全方便地进行操作和调整，液压元件的操作和调整应符合制造厂的规定。

⑥ 液压系统设计应符合 GB/T 5083 有关安全、卫生的规定。

5.3.2 风力发电机组液压系统的技术要求

（1）工作温度

① 液压系统的工作油温度范围应满足元件及油液的使用要求。

② 为保证正常的工作温度，应根据使用条件设置热交换装置或提高油箱自身热交换能力。将其温度控制在规定要求范围内。一般情况下，液压泵的吸入口油温不得超过60℃，在规定的最低温度时，系统应能正常工作。

（2）管路流速与噪声

系统金属管路的油液流速推荐值见表 5-1。

表 5-1 系统金属管路的油液流速推荐值

管路类型	吸管路	压油管路				回油管路	泄油管路
管路代号	S	P				O	L
压力/MPa	—	2.5	2.5~6.3	6.3~16	16~31.5	—	—
允许流速/(m/s)	0.5~2	2.5~3	3~4	4~5	5~6	1.5~3	1

设计系统时应考虑采取降低噪声的措施，系统噪声应符合有关标准的规定。

（3）用于液压系统的材料

① 传递功率的液压元件所用材料应能承受预期的动载荷。

② 导管应采用无缝钢管或纵向焊接钢管，并应符合 GB/T 8162 和 GB/T 3091 的要求。软管应采用符合有关规定的高压软管，亦可用作柔性管路连接件。

③ 允许采用经试验证明能保证密封并能承受产生的动载荷的管螺纹连接件。

（4）铸件、锻件、焊接件和管件的质量

① 金属材料牌号应符合图纸规定。金属材料的化学成分、力学性能应符合相应材料标准的规定。

② 铸件应符合 GB/T 6414 的要求。锻件应符合 GB/T 12362 的要求。焊接件应符合 GB/T 985 的要求。

③ 焊接件毛坯、管件应符合下列要求：

a. 焊接件坯料（板材、型材等）的金属表面锈蚀程度不得低于 B 级，液压用管件的金属表面锈蚀程度不得低于 A 级；

b. 焊接坯料及管件应除锈，除锈后应及时焊接，并在焊后进行防腐处理；

c. 焊接坯料的成型形状公差应符合相应标准的规定；

d. 焊接坯料下料的断面表面粗糙度应不大于 $25\mu m$；

e. 焊接坯料端面不得有挤起形状，端面应平齐，与管子轴线的垂直度公差为管子外径的 1%；

f. 焊接坯料及管件的焊接坡口应机加工，且符合 GB/T 985 的规定；

g. 对不影响使用和外观的铸件、锻件缺陷，在保证使用质量的条件下，允许按有关标准和规定进行焊补。

（5）液压油

① 液压油的基本要求　对于所选用的液压油，设计系统时应考虑系统中规定使用液压油的品种、特性参数与下列物质的相适应性：

a. 系统中与液压油相接触的金属材料、密封件和非金属材料；

b. 保护性涂层材料以及其他会与系统发生关系的液体等，如油漆、处理液、防锈漆以及维修油液；

c. 与溢出或泄漏的液压油相接触的材料，如电缆、电线等。

② 油液使用过程中的注意事项

系统中液压油的使用应符合 GB/T 7631.2 的规定和有关油品专业厂家的规定，且考虑温度，压力使用范围及其特殊性。

a. 在系统规定的油液温度范围内，所选用的油液的黏度范围应符合元件的使用条件。

b. 不同类型液压油不应互相调和，不同制造商的相同牌号液压油也不能混合使用。若要混合使用时，应进行小样混合试验，检查是否有物理变化和化学变化。必要时与油品制造厂协商认定。

c. 在使用过程中，应对液压油理化性能指标（如黏度、酸值、水分等）和清洁度进行定期检验，确定液压油是否可继续使用。如不符合质量要求时，应全部更换。一般 3 个月检查一次，最长不能超过 6 个月。

d. 液压油的供应商应向使用者提供使用液压油时的人员劳动卫生要求、使用及操作说明、失火时产生的毒气和窒息的危险及废液处理问题等方面的资料。

（6）液压设备标志设置要求

液压装置上的标志应醒目、清楚、持久、规整。标志的打印、喷涂、粘贴及装订位置不得因更换元件后而失去标志。

① 压力管路、回油管路、泄油管路的主管路应分别以"P"、"O"、"L"字样标志。连接液压执行元件的管路应标示管路代号。

② 液压系统中元件接口应按元件厂家规定的标示代号。

③ 液压操作装置（如手动、脚踏、电控阀及组件等）、压力表等部件应标示作用功能标志。

④ 液压装置主管路（如压力管路、回油管路、泄油管路等）的出口连接处，涂覆100mm宽的色环面漆，用以表示不同类别功能的管路。色泽应符合设计要求规定。非液压装置上的主管路外表面涂漆，色泽与色环色泽对应、相同。

⑤ 液压装置上接线盒接线应标示线号。

⑥ 液压装置应标示产品铭牌，外购件应附带铭牌。

⑦ 液压泵应标示泵轴旋转方向标志。

（7）涂装

① 液压系统的涂装应符合下列要求：

a. 涂装材料应适应于工作油液及环境；

b. 涂装材料的质量应符合化工行业或所选产品的产品标准规定；

c. 涂装方法和步骤应符合有关标准和工艺规范规定；

d. 涂装厚度、附着力等参数应符合有关标准规定。

② 涂装着色要求

油箱内壁宜使用奶油色等浅颜色。

整个液压装置之外表面涂色应一致（包括液压装置上的管路），且色泽符合用户提供的色板要求。

液压装置上的主管路及非液压装置上的主管路的涂漆色泽要求，应符合液压设备标志设置要求第④款规定。

5.3.3 对液压执行元件的要求

液压执行元件的安装底座应具有足够的刚性，以保证执行机构正常工作。

（1）液压缸

① 设计或选用液压缸时，应对其行程、负载和装配条件加以充分考虑，以防活塞杆在外伸情况时产生不正常的弯曲。

② 液压缸的安装应符合设计图样和制造商的规定。

③ 安装液压缸时，如果结构允许，进出油口的位置应在最上面。应装成使其能自动放气或装有方便的放气阀。

（2）液压马达

① 液压马达与被驱动装置之间的联轴器形式及安装，应符合制造商的规定。

② 外露的旋转轴和联轴器应有防护罩。

③ 在使用液压马达时，应考虑它的启动力矩、失速力矩、负载变化以及低速特性等因素的影响。

5.3.4 液压泵装置要求

① 液压泵与原动机之间的联轴器的形式及安装应符合制造商的规定。

② 外露的旋转轴和联轴器应有防护罩。

③ 液压泵与原动机的安装底座应具有足够的刚性，以保证运转时始终同轴。

④ 液压泵的进油管路应短而直，避免拐弯增多、端面突变。在规定的油液黏度范围内，应使泵的进油压力和其他条件符合泵制造厂的规定。

⑤ 液压泵进油管路密封应可靠，不得吸入空气。

⑥ 高压、大流量的液压泵制造宜采用：泵的进油口设置橡胶弹性补偿接管；泵的出油口连接高压软管；泵装置底座设置弹性减振垫。

5.3.5 油箱装置要求

油箱材料一般应采用碳素钢板加工，重要的特殊油箱可采用不锈钢板加工。

（1）油箱的设计要求

① 油箱的公称容量应符合 JB/T 7938 的规定。

② 在系统正常工作下，特别是系统没有安装冷却器时，应能充分散发液压油中的热量。

③ 具有较慢的循环速度，应便于析出混入油液中的空气和沉淀油液中较重的杂质。

④ 油箱的回油口与泵的进油口应远离，可用挡流板或其他措施进行隔离，但不能妨碍油箱的清洗。

⑤ 在正常情况下，应能容纳从系统中流来的液压油。

（2）油箱结构要求

① 油箱应有足够的强度和刚度，以免装上各类组件和灌油后发生较大变形。

② 油箱应高于安装面 150mm 以上，以便搬运、放油和散热；油箱应有足够的支撑面积，以便在装配和安装时使用垫片和楔块等进行调整。

③ 油箱内应保持平整，少装结构件，以便清理内部污垢，油箱底部的形状应能将液压油放净，并在底部设置放油口。

④ 为清洗油箱应配置一个或一个以上的手孔或人孔；油箱盖、侧壁上的手孔、人孔以及安装其他组件的孔口或基板位置应焊装凸台法兰。

⑤ 可拆卸的盖板，其结构应能阻止杂质进入油箱。

⑥ 穿过油箱壁板的管子均应有效密封。

（3）油箱附件的要求

① 重要油箱应设置油液扩散器和消泡装置。

② 开式油箱顶部应设置空气滤清器以及注油器。空气滤清器的过滤精度应与系统精度要求相符合。空气滤清器的最大压力损失应不影响液压系统的正常工作。

③ 油箱应设置液位计，其位置应设置在液压泵的入口附近用以显示液面位置。重要油箱应加设液位开关，用以油箱高低限液位的监测与警示。

④ 油箱应设置油液温度计及油量检测元件，以便目视监测油液温度。

⑤ 压力式隔离型油箱应装低压报警器，压力式充气型油箱应设置气油安全阀和压力表及压力警示器。

5.3.6 其他辅件的要求

（1）热交换器

系统应根据使用要求设置加热器和冷却器，且应符合下列基本要求。

① 加热器的表面耗散功率不得超过 $1.7W/cm^2$。

② 安装在油箱上的加热器的位置应低于油箱低极限液面位置。

③ 使用热交换器时，应有液压油和冷却（或加热）介质的测温点。

④ 使用热交换器时，可采用自动控温装置，以保持液压油的温度在正常温度范围内。

⑤ 用户应使用制造商规定的冷却介质或水。如水源很不卫生、水质有腐蚀性、水量不足，应向制造商提出。

⑥ 采用空气冷却器时，应防止进排气通路被遮蔽或堵塞。

（2）滤油器

① 为了消除液压油中的有害杂质，系统应装有滤油器，滤油器的过滤精度应符合元件及系统的使用要求。

② 在滤油器需要清洗和更换滤芯时，系统应有明确指示。

③ 在用户特别提出系统不停车而能更换滤芯时，应满足用户要求。

④ 液压泵的进油口根据使用要求可设置吸油滤油器，宜使用网式旁通型。吸油滤油器的容量选择与安装泵进口压力，应符合泵制造厂的规定。

⑤ 如使用磁性滤油器，在维护和使用中应防止吸附着的杂质掉落在油液中。

⑥ 使用滤油器时，其额定流量不得小于实际的过滤油液的流量。

⑦ 对连续工作的大型液压泵站，宜采用独立的冷却循环过滤系统。

（3）蓄能器

① 蓄能器的回路中应设置释放及切断蓄能器的液体元件，供充气、检修或长时间停机使用。

② 蓄能器作液压油源时，它与液压泵之间应装设单向阀，以防止泵停止工作时，蓄能器中压力油倒流使泵产生反向运转。

③ 蓄能器的排放速率应与系统使用要求相符，不得超过制造商规定。

④ 蓄能器的安装位置应远离热源。

⑤ 蓄能器在泄压前不得拆卸，禁止在蓄能器上进行焊接、铆接或机加工。

（4）压力表

① 压力表的量程一般为额定值的 1.5～2 倍。

② 使用压力表应设置压力表开关及压力阻尼装置。

（5）密封件

① 密封件应与它相接触的介质相容。

② 密封件的使用压力、温度以及密封件的安装，应符合实际使用要求，并安全可靠。

（6）液压阀的安装

① 液压阀的安装应符合制造商的规定。

② 板式阀或插式阀应有正确的定向措施。

③ 为保证安全阀的安装，应考虑重力、振动对阀主要零件的影响。

（7）油路块

① 油路块的制造材料应使用 45 钢或 35 钢，并进行调质处理。

② 油路块上安装元件的螺孔之间的尺寸，应能够保证阀的互换。

③ 油路块的油路通道应在整个工作温度和系统流通能力范围内，使液体流进通道产生的压降不会对系统的效率产生影响。

5.3.7 管路要求

（1）管件材料

① 系统管路用管可采用钢管、胶管、尼龙管、铜管等。

② 管路中采用钢管时，宜采用 10 号、15 号、20 号无缝钢管，特殊和重要系统应采用不锈钢无缝钢管。

（2）管件公差要求

管件的精度等级应与所采用的管路辅件相适应，管件的最低精度应符合 GB/T 8162—2008 的规定。

5.3.8 控制装置要求

（1）回路保护装置

① 如回路中工作压力或流量超过规定而可能引起危险或事故时，应有保护装置。

② 调整压力或流量的控制元件，防止调整值超出铭牌上标明的工作范围。重新调整前，应一直保持调整装置的调整值。

③ 系统回路应设计在液压执行元件启动、停车空转、调整和液压故障等工况下，防止运动失控与不正常的动作顺序。需保持自身位置的执行元件，应设置失控保护作用的阀进行控制。

④ 在压力控制与流量回路中，元件的选用和设置应考虑工作压力、温度与负载变化时与回路的响应、重复性和稳定性的影响。

（2）人工控制装置

① 设备应有紧急制动和紧急返回控制，以确保安全。

② 对紧急制动和紧急返回控制的要求：

a. 应容易识别；

b. 在所有工作条件下容易而方便操作；

c. 应立即动作；

d. 只能设置一个人工控制装置完成全部紧急操纵；

e. 在从伺服阀来的执行元件管路上，可设置足够的紧急制动阀。

③ 需要多个执行元件的顺序控制回路或自动控制回路，为了调整每个执行元件的行程，应设有单独的人工调整装置。

（3）阀的控制

① 手动操作阀操作杆的工作位置，应有清晰的标牌或形象化的符号表示。

② 除非另有说明，电磁阀应有手动按钮，并避免该设施的误动作。

③ 阀的电控电源、气控气源及液控液源的参数应符合动作的要求。

思考题

5-1　液压技术有哪些特点？

5-2　液压系统组成元件有哪些？每种元件的作用是什么？

5-3　液压系统原理图的绘制原则是什么？

5-4　风力发电机组液压系统主要采用什么控制技术？简述其原理。

5-5　比例控制技术有什么特点？

5-6　定桨距液压系统与变桨距液压系统的区别是什么？

5-7　简述变桨距液压系统的工作过程。

5-8　风力发电机对液压系统的基本要求是什么？

5-9　简述液压系统检查的注意事项。

5-10　风力发电机对液压系统有哪些技术要求？

5-11　风力发电机组液压系统的压力有多大？在液压系统中如何保证压力？

5-12　通过查阅资料写出风力发电机组液压系统的常见故障？如何处理这些故障？

实训五　风力发电机组液压控制系统

一、实训目的

① 了解液压系统的结构。

② 掌握风力发电机组液压系统的工作原理及控制。

二、实训内容

① 学习液压系统图，掌握各个回路的压力变化、功能。

② 对液压系统进行操作，掌握偏航、制动状态。

三、实训步骤

① 进行风电机组的启动、停机，观察液压站松闸、抱闸的刹车动作，观察机组在各种状态转化过程中液压系统的执行过程。

② 通过液压系统的压力检测和控制，了解液压主制动和偏航制动的动作过程和压力变化。

③ 进行开停机、偏航控制，观察制动器响应状态，完成液压站系统动作实验。

四、思考题

① 机械制动和空气制动的区别是什么？

② 简述液压系统的控制原理。

③ 偏航过程中液压系统压力是如何变化的？

五、实训报告要求

学生通过实训完成实训报告。实训报告的要求如下：

① 实训班级姓名；

② 实训内容及步骤；

③ 实训中遇到的问题及解决方法；

④ 实训体会。

第6章

偏航系统

风力机的偏航系统也称为对风装置，其作用在于当风速矢量的方向变化时，能够快速平稳地对准风向，以便风轮获得最大的风能。偏航系统是水平轴式风力发电机必不可少的组成系统之一。偏航系统的主要作用有两个：一是使风力发电机组的风轮始终处于迎风状态，充分利用风能，提高风力发电机效率；二是当风力发电机组由于偏航作用，机舱内引出的电缆发生缠绕时，自动解缆。

偏航系统是故障的高发区，掌握好偏航系统的知识，对保障机组的安全运行具有重要的意义。通过本章节的学习，可了解偏航系统的工作原理，掌握偏航系统的控制技术，有效降低故障率及提高机组运行的可靠性、机组效率、发电量和经济效益。

6.1 偏航系统的分类及功能

风力发电机组的偏航系统一般分为主动偏航系统和被动偏航系统。被动偏航指的是依靠风力通过相关机构完成机组风轮对风动作的偏航方式，常见的有尾舵、侧风轮和自动调向装置三种。主动偏航指的是采用电力或液压拖动来完成对风动作的偏航方式，常见的有齿轮驱动和滑动两种形式。对于并网型风力发电机组来说，通常都采用主动偏航的齿轮驱动形式。

6.1.1 被动偏航系统

（1）尾舵调向装置

小微型风力机常用尾舵对风，它主要由两部分组成，尾翼装在尾杆上，与风轮轴平行或成一定的角度。为了避免尾流的影响，也可将尾翼上翘，装在较高的位置，如图 6-1 所示。它的优点是能自然对准风向，不需要特殊控制。为了达到对风效果，尾舵面积 A_1 与风轮扫掠面积 A 符合下列关系：

$$A_1 = 0.16A \frac{e}{l} \tag{6-1}$$

式中，e 为转向轴与风轮旋转平面间的距离；l 为尾舵中心到转向轴的距离。

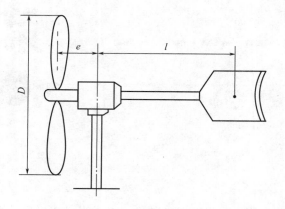

图 6-1　尾舵调向示意图

由于尾舵调向装置结构笨重，因此很少用于中型以上的风力机。

（2）侧风轮调向

如图 6-2 所示，在机舱的侧面安装一个小风轮，其旋转轴与风轮主轴垂直。如果主风轮没有对准风向，则侧风轮会被风吹动，产生偏向力，通过蜗轮蜗杆机构使主风轮转到对准风向为止。中小型风机可用舵轮作为对风装置，其工作原理大致如下：当风向变化时，位于风轮后面两舵轮（其旋转平面与风轮旋转平面相垂直）旋转，并通过一套齿轮传动系统使风轮偏转，当风轮重新对准风向后，舵轮停止转动，对风过程结束。

（3）下风向调向

风轮安装在塔架的下风位置，则如同风向标一样，风轮会自动对准风向。下风向风力机的风轮能自然地对准风向，因此一般不需要进行调向控制。

6.1.2 主动偏航机构

（1）主动偏航系统的功能

① 正常运行时自动对风　风力发电机组通过风向标风速仪将风向的变化传送到偏航电机控制回路的处理器中，控制器通过判断得到实时偏航的方向和角度，最终达到对风目的。当风力发电机组对风结束以后，电机停止工作，偏航整个过程结束。

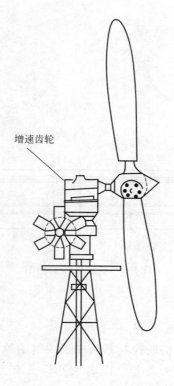

增速齿轮

图 6-2　侧风轮调向系统示意图

② 风力发电机扭揽时自动解缆　当风力发电机偏航到达控制系统限定的解缆角度时，控制系统会对风机进行自动解缆，此时风力发电机处于停机状态，然后偏航电机启动，带动机舱向解缆方向旋转，使机舱回到电缆无缠绕状态。风力发电机控制系统为防止风力发电机自动解缆出现故障，设定了一个极限角度，当扭揽达到这个角度时，风力发电机安全保护动作，刹车停机，报安全链故障，人工解缆。

③ 90°侧风　当有特大强风发生，控制系统为保护风力发电机不被破坏，紧急停机，桨距调到最大值，风力发电机 90°侧风。

（2）偏航系统的组成及工作原理

偏航系统一般由偏航控制系统和偏航驱动系统机构两大部分组成，如图 6-3 所示。

偏航控制系统包括风向传感器、偏航控制器、解缆传感器等几部分。偏航驱动机构一般由驱动电机、偏航行星齿轮减速器、传动齿轮、偏航轴承、回转体大齿轮、偏航制动器等几部分组成。偏航驱动机构在正常的运行情况下，应启动平稳，转速均匀无振动。偏航轴承的轴承内外环分别与机组的机舱和塔架连接器用螺栓连接，轮齿可采用外齿或内齿形式。偏航制动器是偏航系统中的重要部件，它的主要作用：一方面，安装在风机底座上的制动器上下闸体的摩擦片抱住与塔架连接器上的制动盘，提供足够的制动力矩起到刹车制动的目的；另一方面在机组偏航过程中，制动器提供适当的阻尼力矩保持机舱的平稳旋转。

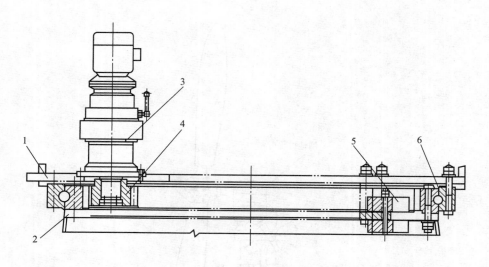

图 6-3　偏航系统机构图

1—机舱底板；2—塔架；3—减速器；4—调向齿轮；5—制动器；6—回转支承

（3）偏航控制系统主要组成部件

① 风向标　风向信号作为偏航控制系统中最关键的输入信号，对其准确的测量将影响整个控制系统的性能。风作为矢量，既有大小，又有方向，其测量包括风向和风速两项。

风向测量是指测量风的来向。

风向标一般是由尾翼、指向杆、平衡锤以及旋转主轴四部分组成的首尾不对称的平衡装置。其重心在支撑轴的轴心上，整个风向标可以绕垂直轴自由摆动。在风的动压力作用下，取得指向来向的一个平衡位置，即为风向的指示。传送和指示风向标所在方位的方法有电触点盘、环形电位、自整角机和光电码盘四种类型，其中最常用的是码盘。

风向传感器安装在风力发电机组的玻璃钢机舱罩上的固定支架土，可随风力发电机组同步旋转。两个光敏传感器安装在风向标里，OPT1 为 0°角传感器，OPT2 为 90°角传感器。

其工作原理是：一个半圆形桶罩由风向标驱动，当传感器 OPT1 或 OPT2 没有被半圆筒罩挡住时，传感器输出信号是高电平，反之是低电平。以下就几种情况加以讨论（图6-4）。

a. 风力发电机对准风向。当风力发电机对准风向时，OPT1 完全或部分（因此时不一定对风很准，且风向不时变化）被遮住，输出 0～24V（具体看对风的准确度）的电信号。OPT2 完全没有被遮住，输出 24V 稳定高电平信号。

b. 风力发电机与风向成顺时针 90°。当风力发电机与风向成顺时针 90°时，OPT2 完全或部分被遮住，输出 0～24V 电信号。OPT1 完全没有被遮住，输出 24V 稳定高电平信号。

c. 风力发电机与风向成 180°。当风力发电机与风向成 180°时，OPT1 完全或部分被遮住，输出 0～24V 电信号，OPT2 完全被遮住，输出 0V 稳定低电平信号。

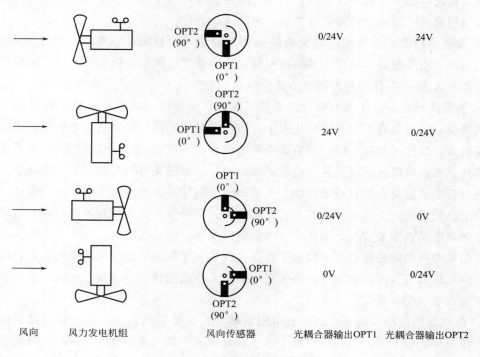

	风向传感器	光耦合器输出OPT1	光耦合器输出OPT2

图 6-4 风向传感器原理图

d. 风力发电机与风向成逆时针 90°。当风力发电机与风向成逆时针 90°时，OPT1 完全被遮住，输出 0V 低电平。OPT2 完全或部分被遮住，输出 0～24V 电信号。由于风一直是波动的，方向是不定的，因此风向标在风中不停摇摆，这样造成 OPT1 或 OPT2 有时的输出不是稳定的 0V 或 24V 的电平信号，而是 0～24V 之间的一个不确定值。这样造成的后果是：由于不是对风很正，偏航系统就会不停地工作，机舱将会频繁地调向。

② 风速仪 风速是单位时间内空气在水平方向上所移动的距离。风速的测量有旋转式风速计、散热式风速计和声学风速计（超声波风速计），但是通常使用的绝大多数是旋转式风速计。

a. 旋转式风速计。旋转式风速计的感应部分是一个固定在转轴上的感应风的组件，常用的有风杯、螺旋桨叶片和平板叶片三种类型。风杯旋转轴垂直于风的来向，螺旋桨叶片和平板叶片旋转轴平行于风的来向。

测定风速最常用的传感器是风杯，杯形风速计的主要优点是它与风向无关。

杯形风速计一般由 3 个或者 4 个半球形或抛物锥形的空心杯壳组成。杯形风速计固定互成 120°角的三叉形支架上或互成 90°角的十字形支架上，杯的凹面顺着同一方向，整个横臂架则固定在能旋转的垂直轴上。

由于凹面和凸面所受的风压力不相等，在风杯受到扭力作用时开始旋转，它的转速与风速成一定的关系。

b. 风杯风速记录。风速记录通过信号的转换方法来实现。它的原理是：风杯旋转轴上装有一圆盘，盘上有等距的孔，孔上面有一红外光源，正下方有一光电半导体，风杯带动圆盘旋转时，由于孔的不连续性，形成光脉冲信号，经光电半导体元件接受放大后变成电脉冲信号输出，每一个脉冲信号表示一定的风的行程。

③ 偏航控制器　偏航控制器负责接受和处理信号，根据控制要求，发送控制命令。通常采用单片机等微处理器作为偏航控制器，随着数字处理信号技术的发展，采用嵌入式微处理器或者 DSP 等作为控制器成为研究应用的趋势。

④ 解缆传感器　由于风力机总是选择最短距离最短时间内偏航对风，有时由于风向的变化规律，风力机有可能长时间往一个方向偏航对风，这样就会造成电缆的缠绕，如果缠绕圈过多，超过了规定的值，将造成电缆的损坏。为了防止这种现象的发生，通常安装有解缆传感器。解缆传感器安装在机舱底部，通过一个尼龙齿轮与偏航大齿圈啮合，这样在偏航过程中，尼龙齿轮也一起转动。通过蜗轮、蜗杆和齿轮传动多级减速，驱动一组凸轮，每个凸轮推动一个微动开关工作，发出不同的信号指令。微处理器通过各个微动开关的信号来判断是否需要解缆，向哪个方向解缆以及何时停止解缆等。

有的风力机的解缆传感器中设置了有条件解缆和无条件解缆两种解缆信号，目的是保证电缆在扭转圈数较少的情况下，在无功率输出或停机的情况下就进行解缆，以减少解缆时的停机次数和功率损失。

⑤ 偏航驱动机构　偏航系统一般由偏航轴承、偏航驱动装置、偏航制动器、偏航计数器、纽缆保护装置、偏航液压回路等几个部分组成，如图 6-5 所示。风力发电机组的偏航系统一般有外齿形式和内齿形式两种。偏航驱动装置可以采用电动机驱动或液压马达驱动，制动器可以是常闭式或常开式。常开式制动器一般是指有液压力或电磁力拖动时，制动器处于锁紧状态的制动器；常闭式制动器一般是指有液压力或电磁力拖动时，制动器处于松开状态的制动器。采用常开式制动器时，偏航系统必须具有偏航定位锁紧装置或防逆传动装置。

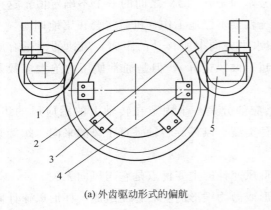
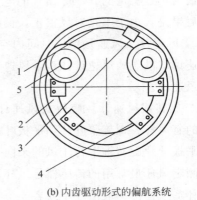

(a) 外齿驱动形式的偏航　　　　　　　　(b) 内齿驱动形式的偏航系统

图 6-5　偏航系统结构简图

1—偏航齿圈；2—制动盘；3—偏航计数器；4—偏航制动器；5—偏航驱动装置

⑥ 偏航轴承　常用的偏航轴承有滑动轴承和回转支承两种类型。滑动轴承常用工程塑料做轴瓦，这种材料即使在缺少润滑的情况下也能正常工作。轴瓦分为轴向上推力瓦、径向推力瓦和轴向下推力瓦三种类型，分别用来承受机舱和叶片重量产生的平行于塔筒方

向的轴向力，叶片传递给机舱的垂直于塔筒方向的径向力和机舱的倾覆力矩，从而将机舱受到的各种力和力矩通过这三种轴瓦传递到塔架（Nordtank 和 Vestas 机组均采用这种偏航轴承）。回转支撑是一种特殊结构的大型轴承，它除了能够承受径向力、轴向力外，还能承受倾覆力矩。这种轴承已成为标准件大批量生产。回转支撑通常有带内齿轮或外齿轮的结构类型，用于偏航驱动。目前使用的大多数风力机都采用这种偏航轴承。

偏航轴承的内外圈分别与机组的机舱和塔体用螺栓连接。轮齿可采用内齿或外齿形式。外齿形式是轮齿位于偏航轴承的外圈上，加工相对来说比较简单。内齿形式是轮齿位于偏航轴承的内圈上，啮合受力效果较好，结构紧凑。具体采用内齿形式或外齿形式，应根据机组的具体结构和总体布置进行选择。偏航齿圈的结构简图如图 6-6 所示。

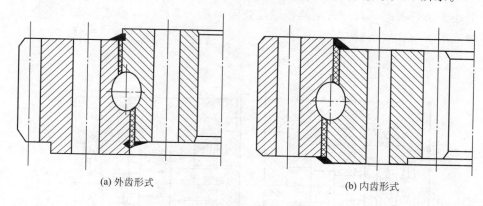

(a) 外齿形式　　　　　　　　　　　　　(b) 内齿形式

图 6-6　偏航齿圈结构简图

⑦ 偏航驱动装置　包括偏航电机和偏航减速齿轮机构。

偏航驱动装置通常采用开式齿轮传动。大齿轮固定在塔架顶部静止不动，多采用内齿轮结构，小齿轮由安装在机舱上的驱动器驱动。为了得到对称的驱动扭矩，在大型风力发电机组上通常由两台或多台驱动器驱动偏航系统。偏航驱动器多采用电机驱动，通过齿轮减速器得到合适的输出转速和扭矩，由于偏航速度很慢，减速器传动比很大，通常在 1：1000 左右，因此采用多级减速器，一般采用二到三级平行轴斜齿轮减速器和两级行星减速器组合而成（BONUS 和 NEG-Micon 机组采用这种机构）。也有采用一级涡轮减速器和一级行星减速器组合而成的减速器（VESTAS 机组采用这种机构）。

为了减小偏航驱动器的体积，也有采用低速大扭矩液压马达驱动，通过一级行星减速器装置（WIND MASTER 机组采用这种机构）。

这些偏航驱动器均采用了传统的驱动装置，驱动电机、多级减速器、液压马达都已经是标准化、系列化的产品，因此在技术上都比较成熟，选用也很方便。但在 NED-WIND 机组中却采用了一种其他类型的驱动装置—钢丝绳驱动，通过缠绕在回转支承上的钢丝绳两端的两个液压缸驱动，通过控制液压缸的往复运动，实现偏航、松绳、回缸几个运动，完成偏航运动行程，使机舱偏转一个角度。如此往复运动，实现机舱的间歇性偏航。由于每个行程中都有松绳和回缸运动，运动是间歇的，因此效率很低，通常 40min 偏航一圈。而且这种偏航驱动采用电磁阀、复杂的控制油路和电控系统来控制，因此故障率很高。由于采用摩擦传动，容易发生打滑现象，经常发生大风和霜冻天气因打滑无法偏航的情况。

⑧ 偏航制动器　为了保证风力机停止偏航时不会因叶片受风载荷而被动偏离风向的情况，风力机上多装有偏航制动器，如图 6-7 所示。偏航制动器是偏航系统中的重要部件，制动器应在额定负载下，制动力矩稳定，其值应不小于设计值。在机组偏航过程中，制动器提供的阻尼力矩应保持平稳，与设计值的偏差应小于 5%，制动过程不得有异常噪声。制动器在额定负载下闭合时，制动衬垫和制动盘的贴合面积应不小于设计面积的 50%；制动衬垫周边与制动钳体的配合间隙任一处应不大于 0.5mm。制动器应设有自动补偿机构，以便在制动衬块磨损时进行自动补偿，保证制动力矩和偏航阻尼力矩的稳定。在偏航系统中，制动器可以采用常闭式和常开式两种结构形式，常闭式制动器是在有动力的条件下处于松开状态，常开式制动器则是处于锁紧状态。两种形式相比较并考虑失效保护，一般采用常闭式制动器。

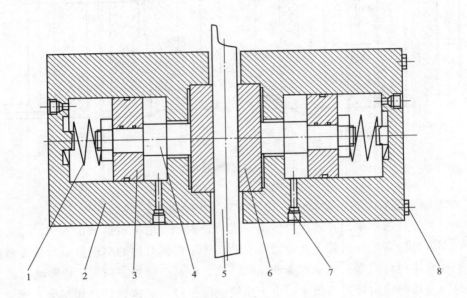

图 6-7　偏航制动器结构图

1—弹簧；2—制动钳体；3—活塞；4—活塞杆；5—制动盘；6—制动衬块；7—接头；8—螺栓

采用滑动轴承的偏航系统，因轴瓦出于干摩擦和边界摩擦状态，摩擦阻力很大，加上下推力瓦上弹簧的压力，更加大了偏航时的阻力，因此采用这种轴承的偏航系统，停止偏航时，机舱不会被动偏离风向。

制动盘通常位于塔架或塔架与机舱的适配器上，一般为环状，制动盘的材质应具有足够的强度和韧性，如果采用焊接连接，材质还应具有比较好的可焊性，此外，在机组寿命期内制动盘不应出现疲劳损坏。制动盘的连接、固定必须可靠牢固，表面粗糙度应达到 Ra。

制动钳由制动钳体和制动衬块组成。制动钳体一般采用高强度螺栓连接用经过计算的足够的力矩固定于机舱的机架上。制动衬块应由专用的摩擦材料制成，一般推荐用铜基或铁基粉末冶金材料制成，铜基粉末冶金材料多用于湿式制动器，而铁基粉末冶金材料多用于干式制动器。一般每台风机的偏航制动器都备有两个可以更换的制动衬块。

6.2 偏航系统的控制原理

偏航控制系统由于采用计算机控制，所以计算机软件要保证偏航系统各种功能的实现。偏航控制主要包括自动偏航、90°侧风、自动解缆、顶部机舱控制偏航、面板控制偏航和远程控制偏航等功能。

风向瞬时波动频繁，但幅度不大，一般偏航系统设置偏差在±15°，如果在此误差范围内可以认为是对风状态，风轮将不会转动。

6.2.1 自动偏航控制

当偏航系统受到中心控制器发出的需要自动偏航的信号后，连续3s时间内检测风向情况，若风向确定，同时机舱不处于对风位置，松开偏航制动，启动偏航电动机运转，开始偏航对风程序，同时偏航计数器开始工作，根据机舱所要偏转的角度，使风轮轴线方向与风向基本一致。自动流程图如图6-8所示。

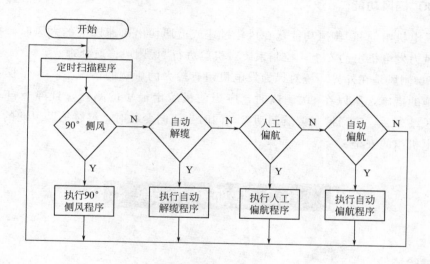

图6-8 偏航系统工作过程

6.2.2 人工偏航功能

人工偏航是指在自动偏航失败、人工解缆或者是在需要维修时，通过人工指令来进行的风力发电机偏航措施。首先检测人工偏航起停信号。若此时有人工偏航信号，再检测此时系统是否正在进行偏航操作。若此时系统无偏航操作，封锁自动偏航操作，若系统此时正在进行偏航，清除自动偏航控制标志；然后读取人工偏航方向信号，判断与上次人工偏航方向是否一致，若一致，松偏航闸，控制偏航电机运转，执行人工偏航；若不一致，停止偏航电机工作，保持偏航闸为松闸状态，向相反方向进行运转并记录转向，直到检测到相应的人工偏航停止信号出现，停止偏航电机工作，抱闸，清除人工偏航标志。

6.2.3 自动解缆功能

自然界中的风是一种不稳定的资源，它的速度与风向是不定的。由于风向的不确定性，风力发电机就需要经常偏航对风，而且偏航的方向也是不确定的，由此引起的后果是电缆会随风力发电机的转动而扭转。如果风力发电机多次向同一方向转动，就会造成电缆缠绕，绞死，甚至绞断，因此必须设法解缆。自动解缆控制是偏航控制器通过检测偏航角度、偏航时间及偏航传感器，使发生扭转的电缆自动解开的控制过程。不同的风力发电机需要解缆时的缠绕圈数都有其规定。当达到其规定的解缆圈数时，系统应自动解缆，此时启动偏航电机向相反方向转动缠绕圈数解缆，将机舱返回电缆无缠绕位置。若因故障，自动解缆未起作用，风力发电机也规定了一个极值圈数，在纽缆达到极值圈数左右时，纽缆开关动作，报纽缆故障，停机等待人工解缆。在自动解缆过程中，必须屏蔽自动偏航动作。

自动解缆包括计算机控制的凸轮自动解缆和纽缆开关控制的安全链动作计算机报警两部分，以保证风电机组安全。

6.2.4 90°侧风功能

风力发电机组的90°侧风功能是在风轮过速或遭遇切出风速以上的大风时，控制系统为了保证风力发电机组的安全，控制系统对机舱进行90°侧风偏航处理。

由于90°侧风是在外界环境对风力发电机组有较大的影响的情况下，为了保证机组的安全所实施的措施，所以在90°侧风时，应当使机舱走最短的路径，且屏蔽自动偏航指令。在侧风结束后，应当抱紧偏航制动盘，同时当风向变化时，继续追踪风向的变化，确保风力发电机组的安全。

6.3 偏航系统试验

6.3.1 试验场地

① 试验时，试验场地的风速应为 5~25m/s。

② 试验场地应避免复杂的地形和障碍物，并且有 5~25m/s 的风速出现的概率。

③ 试验应避免在特殊的气候（如雨、雪、结冰等）条件下进行。

6.3.2 被试验机组

① 被试验机组应随附有关技术数据、图样、安装说明书和运行维护说明书等。

② 被试验机组应随附有产品合格证。

③ 被试验机组的安装应符合安装使用说明书和相关标准的规定。

④ 被试验机组应符合 GB18451.1 的相关要求。

6.3.3　试验用仪器

（1）试验仪器、仪表的校验

试验中所使用的仪器、仪表和装置均应在计量部门检验合格的有效期内允许有一个二次校验源（仪器制造厂或标准实验室）进行校验。

（2）仪器、仪表要求

① 风速仪　按 GB/T 184512—2003 中 7.2 的规定。

② 风向测试仪　按 GB/T 18451.2—2003 中 7.3 的规定。

③ 温度计　按 GB/T 18451.2—2003 中 7.4 的规定。

④ 气压计　按 GB/T 18451.2—2003 中 7.4 的规定。

⑤ 计时器　测量范围≥1h，计时精度≤15s/d。

⑥ 压力表　测量范围：0～20MPa，准确度±100Pa。

⑦ 风向标　应与被试验机组的风向标完全相同。

⑧ 罗盘　普通使用精度。

⑨ 记号笔　一般等级即可。

⑩ 塞尺　测量范围根据需要选用，准确度＜0.01mm。

（3）测量装置要求

① 角度测量装置　测量范围 0°～180°；准确度±0.1°。

② 角度测量辅助装置　测量范围 0°～180°；准确度±0.1°。

6.3.4　试验准备

（1）试验准备

① 按照 GB/T 18451.2—2003 中 7.2 的规定测取试验时的风速并记录。

② 按照 GB/T 18451.2—2003 中 7.3 的规定测取试验时的风向并记录。

③ 按照 GB/T 18451.2—2003 中 7.4 的规定测取试验时的温度值并记录。

④ 按照 GB/T 18451.2—2003 中 7.4 的规定测取试验时的大气压值并记录。

（2）外观检查

① 检查偏航系统各部件的安装、连接和装配间隙是否符合图样工艺和有关技术标准的规定并记录。

② 检查偏航系统各部件表面是否有污物、锈蚀、损伤等并记录。

③ 检查偏航系统各零部件的机械加工表面和焊缝外观是否有缺陷并记录。

（3）地理方位检测装置标定试验

① 该试验应在被试验机组安装调试阶段进行。

② 在被试验机组的适当位置上画一条与风轮轴线平行的直线或其水平投影与风轮轴线水平投影平行的直线。

③ 将罗盘放置在该条直线上并且使罗盘正北方向刻度线与该条直线重合，读出该直线与罗盘正北方向刻度线的夹角 α，然后手动偏航使 α 小于 50°。

④ 在被试验机组控制系统相关部分中进行设置，此时标定的方向即为地理方位检测

装置的正北方向（如果被试验机组没有地理方位检测装置，可以不进行该项试验）。

6.3.5 试验内容与方法

（1）偏航系统偏航试验

① 偏航系统顺时针偏航试验　起动被试验机组后使被试验机组处于正常停机状态，然后手动操作使偏航系统向顺时针方向偏航，偏航半周后，使偏航系统停止运转。这一操作至少重复三次。观察顺时针偏航过程中偏航是否平稳、有无异常情况发生（如冲击、振动和惯性等），记录顺时针偏航结果。

② 偏航系统逆时针偏航试验　启动被试验机组后，使被试验机组处于正常停机状态，然后手动操作使偏航系统向逆时针方向偏航，偏航半周后，使偏航系统停止运转。这一操作至少重复三次。观察逆时针偏航过程中偏航是否平稳，有无异常情况发生（如冲击、振动和惯性等），记录逆时针偏航结果。

（2）偏航系统偏航转速试验

启动被试验机组后，使被试验机组处于正常停机状态，然后手动操作使偏航系统顺时针运转一周，再逆时针运转一周复位。这个循环应反复三次。在每一循环中，记录偏航系统顺时针运转一周所用的时间 T_{si}，和逆时针运转一周所用的时间 T_{ni}。偏航系统的平均偏航转速 n_p 按下式计算：

$$n_{si} = \frac{1}{T_{si}}$$

式中　n_{si}——顺时针运转时偏航系统某一周的偏航转速，r/min；

　　　T_{si}——顺时针运转时偏航系统偏航某一周所用时间，min；

　　　i——偏航系统运转次数，i＝1、2、3。

$$n_s = \frac{1}{3}\sum_{i=1}^{3} n_{si}$$

式中　n_s——顺时针运转时偏航系统的平均偏航转速，r/min。

$$n_{ni} = \frac{1}{3}\sum_{i=1}^{3} T_{ni}$$

式中　n_{ni}——逆时针运转时偏航系统某一周的偏航转速，r/min；

　　　T_{ni}——逆时针运转时偏航系统偏航某一周所用时间，min；

　　　i——偏航系统运转次数。

$$n_n = \frac{1}{3}\sum_{i=1}^{3} n_{ni}$$

式中　n_n——逆时针运转时偏航系统的平均偏航转速，r/min。

$$n_p = (n_s + n_n)/2$$

式中　n_p——偏航系统的平均偏航转速，r/min。

n_p应满足下式：

$$\frac{|n_p - n_e|}{n_e} \times 100\% \leqslant 5\%$$

式中 n_e——偏航系统的设计额定偏航转速，r/min。

（3）偏航系统偏航定位偏差试验

① 将与被试验机组风向标完全相同的风向标安装于被试验机组控制系统的相应接口上，用该风向标替代被试验机组的风向标。

② 将该风向标安装于角度测量辅助装置上。

③ 在被试验机组偏航系统和机舱的适当部件上安装角度测量装置。

④ 使风向标的起始位置处于零点，并确认风向标和角度测量装置的安装是否正确。确认后，启动被试验机组，使被试验机组处于自动状态。

⑤ 手动操作在风向标上任意取一个不同的角度 θ_{fi}，使被试验机组进行自动偏航一个角度 θ_{pi}，反复操作三次。

⑥ 在角度测量装置上读出或人工计算出相对于 θ_{fi} 的偏航角度 θ_{pi} 并将 θ_{fi} 和 θ_{pi} 的数值记录在偏航系统试验原始数据记录表中。

⑦ 计算出 θ_{fi} 与 θ_{pi} 的差值，偏航系统的偏航定位偏差 $\Delta\theta$ 取三个差值中的最大值。$\Delta\theta$ 按下式计算：

$$\Delta\theta = \max\{|\theta_{fi} - \theta_{pi}|\}$$

式中 $\Delta\theta$——偏航定位偏差；

θ_{fi}——风向标的角度；

θ_{pi}——每次偏航运转的角度。

$\Delta\theta$ 应满足下式：

$$\Delta\theta \leqslant 5°$$

（4）偏航系统偏航阻尼力矩试验

启动被试验机组后，使被试验机组处于正常停机状态。用压力表检查液压站上偏航阻尼调定机构的调定值是否与机组的设计文件中规定的使用值一致，然后在偏航制动器上安装压力表。待安装完毕后，确认压力表安装是否正确。确认后手动操作使偏航系统偏航任意角度并停止。反复运转三次。记录偏航过程中偏航制动器上安装的压力表的数值 p_{zi}。取其算术平均值记为 p_z。p_z 按下式计算：

$$p_z = \frac{1}{3}\sum_{i=1}^{3} p_{zi}$$

式中 p_z——偏航制动器上压力表的平均压力值，kPa；

p_{zi}——偏航制动器上压力表在每次偏航过程中测得的压力值，kPa。

偏航系统偏航时的实际总阻尼力矩 M_z 按下式计算：

$$M_z = n p_z A R \mu$$

式中 M_z——实际总阻尼力矩，kN·m；

n——制动钳的个数；

A——每个制动钳的有效作用面积，m²；

R——制动钳到制动盘回转中心的等效半径，m；

μ——滑动摩擦系数。

M_z应满足下式：

$$\frac{|M_z - M_{ez}|}{M_{ez}} \times 100\% \leqslant 5\%$$

式中　M_{ez}——偏航系统的额定阻尼力矩，kN·m。

（5）偏航系统偏航制动力矩试验

启动被试验机组后，使被试验机组处于正常停机状态。检查液压站上调定的偏航刹车压力值是否与机组设计文件中规定的使用值相一致，然后在偏航制动器上安装压力表。待压力表安装后，确认压力表安装是否正确。确认后手动操作使偏航系统偏航任意角度，然后使偏航系统制动锁紧。反复三次，检查液压回路各个连接点是否有泄漏现象并记录偏航制动时偏航制动器上的压力表的压力值 p_{zhi}。取三个 p_{zhi} 的最小值 p_{zh}，p_{zh} 按下式计算：

$$p_{zh} = \min\{p_{zhi}\}$$

式中　p_{zh}——偏航制动器上压力表三次测量压力值中的最小值，kPa；

　　　p_{zhi}——偏航制动器上压力表在每次偏航制动时测得的压力值，kPa。

偏航系统制动时的实际总制动力矩 M_{zh} 按下式计算：

$$M_{zh} = n p_{zh} A R \mu$$

式中　M_{zh}——实际总制动力矩，kN·m；

　　　n——制动钳的个数；

　　　A——每个制动钳的有效作用面积，m²；

　　　R——制动钳到制动盘回转中心的等效半径，m；

　　　μ——滑动摩擦系数。

M_{zh}应满足下式：

$$M_{zh} \geqslant M_{ezh}$$

式中　M_{ezh}——偏航系统的额定刹车力矩，kN·m。

（6）偏航系统解缆试验

① 偏航系统初期解缆试验　在满足被试验机组初期解缆的工况下，启动被试验机组后，使被试验机组处于正常停机状态。手动操作使偏航系统偏航到满足初期解缆的触发条件。确认后，观察被试验机组是否自动进行解缆并最终复位。记录结果。

② 偏航系统终极解缆试验　启动被试验机组后，使被试验机组处于正常停机状态并屏蔽偏航系统初期解缆触发条件。手动操作，使偏航系统偏航到满足终极解缆的触发条件，观察被试验机组是否自动进行终极解缆并最终复位。记录结果。

③ 偏航系统扭缆保护试验　启动被试验机组后，使被试验机组处于正常停机状态并屏蔽初期解缆和终极解缆的触发条件。手动操作使偏航系统偏航到满足扭缆保护的触发条件，观察被试验机组是否紧急停机并记录结果。

（7）试验结果的处理

① 偏航系统各项试验内容的原始数据应按标准的规定记录在偏航系统试验原始数据记录表中。

② 对于不符合 JB/T 10425.1 要求的试验项目，允许进行调试，使其满足技术要求。

③ 被试验机组按照本部分试验完毕后，应随即由试验机构写出被试验机组偏航系统试验报告。

思考题

6-1 偏航系统如何分类的？

6-2 简述偏航系统的功能及工作原理。

6-3 被动偏航系统分几种？每种的特点、适用场合是什么？

6-4 简述主动偏航系统的组成与工作原理。

6-5 根据风向传感器原理图阐述工作原理。

6-6 偏航计数器的作用是什么？

6-7 偏航控制系统的主要功能有哪些？

6-8 画出自动控制系统的工作过程图。简述它的工作过程。

6-9 简述偏航系统的自动解缆工作过程。

实训六　风力发电机组偏航控制

一、实训目的

① 了解偏航系统的基本结构。

② 掌握偏航系统的工作原理和工作过程。

二、实训设备

大型风力发电机缩比试验台、秒表、压力计。

三、实训内容

① 掌握偏航系统结构，了解各部分功能。

② 对偏航的各个过程进行模拟，了解偏航系统的工作原理。

四、实训步骤

① 通过设置来模拟风向的变化，通过风力发电机组的偏航来了解风力发电机组的工作原理和功能。

② 仿真风力发电机组偏航时的所有过程，包括机组自动偏航对风、手动偏航、自动解缆、手动解缆等。

五、思考题

① 风力发电机对风的方式有几种？偏航系统的主要功能有哪些？

② 偏航控制系统控制参数有哪些？参数值的范围是多少？

六、实训报告要求

学生通过实训完成实训报告。实训报告的要求如下：

① 实训班级姓名；

② 实训内容及步骤；

③ 实训中遇到的问题及解决方法；

④ 实训体会。

第7章

风力发电机组控制系统

风力发电系统中的控制技术和伺服传动技术是其中的关键技术。这是因为自然风速的大小和方向是随机变化的，风力发电机组的切入（电网）和切出（电网）、输入功率的限制、风轮的主动对风以及对运行过程中故障的检测和保护，必须能够自动控制。同时，风力资源丰富的地区通常都是海岛或边远地区甚至海上，分散布置的风力发电机组，通常要求能够无人值班运行和远程监控，这就对风力发电机组的控制系统的可靠性提出了很高的要求。

与一般工业控制过程不同，风力发电机组的控制系统是综合性控制系统。它不仅要监视电网、风况和机组运行参数，对机组进行并网与脱网控制，以确保运行过程的安全性与可靠性，而且还要根据风速与风向的变化，对机组进行优化控制，以提高机组的运行效率和发电量。

20世纪80年代中期开始进入风力发电市场的定桨距风力发电机组，主要解决了风力发电机组的并网问题和运行的安全性与可靠性问题，采用了软并网技术、空气动力刹车技术、偏航与自动解缆技术，这些都是并网运行的风力发电机组需要解决的最基本的问题。由于功率输出是由桨叶自身的性能来限制的，桨叶的节距角在安装时已经固定，而发电机的转速由电网频率限制。因此，只要在允许的风速范围内，定桨距风力发电机组的控制系统，在运行过程中对由于风速变化引起输出能量的变化是不做任何控制的，这就大大简化了控制技术和相应的伺服传动技术，使得定桨距风力发电机组能够在较短时间内实现商业化运行。

20 世纪 90 年代后，风力发电机组的可靠性已经不是问题，变距风力发电机组开始进入风力发电市场。采用全桨变距的风力发电机组，启动时可对转速进行控制，并网后可对功率进行控制，使风力机的启动性能和功率输出特性都有显著改善。风力发电机组的液压系统不再是简单的执行机构，作为变距系统，它自身已组成闭环控制系统，采用了电液比例阀或电液伺服阀，使控制系统的水平提高到一个新的阶段。

由于变距风力发电机组在额定风速以下运行时的效果仍不理想，到了 20 世纪 90 年代中期，基于变距技术的各种变速风力发电机组开始进入风电场。变速风力发电机组的控制系统与定速风力发电机组的控制系统的根本区别在于，变速风力发电机组是把风速信号作为控制系统的输入变量来进行转速和功率控制的。变速风力发电机组的主要特点是：低于额定风速时，它能跟踪最佳功率曲线，使风力发电机组具有最高的风能转换效率；高于额定风速时，它增加了传动系统的柔性，使功率输出更加稳定，特别是解决了高次谐波与功率因数等问题后，达到了高效率、高质量地向电网提供电力的目的。

可以说，风力发电机组的控制技术从机组的定桨距恒速运行，发展到基于变速恒频技术的变速运行，已经基本实现了风力发电机组，从能够向电网提供电力到理想地向电网提供电力的最终目标。

7.1.1 控制系统的目标

风力发电机组是实现由风能到机械能和由机械能到电能两个能量转换过程的装置。风轮系统实现了从风能到机械能的能量转换，发电机和控制系统则实现了从机械能到电能的能量转换过程，在考虑风力发电机组控制目标时，应结合它们的运行方式，重点实现以下目标。

① 控制系统保持风力发电机组安全可靠运行，同时高质量地将不断变化的风能转化为频率、电压恒定的交流电送入电网。

② 控制系统采用计算机控制技术，对风力发电机组的运行参数、状态监控显示及故障处理，完成机组的最佳运行状态管理和控制。

③ 利用计算机智能控制实现机组的功率优化，控制定桨距恒速机组主要进行软切入、软切出及功率因数补偿，控制对变桨距风力发电机组主要进行最佳叶尖速比和额定风速以上的恒功率控制。

④ 大于开机风速并且转速达到并网转速的条件下，风力发电机组能软切入自动并网保证电流冲击小于额定电流。当风速在 4～7m/s 之间切入小发电机组（小于 300kW）并网运行，当风速在 7～30m/s 之间切入大发电机组（大于 500kW）并网运行。

7.1.2 控制要求

（1）控制思想

① 定桨距失速型机组控制 风速超过风力发电机组额定风速以上时，为确保风力发电机组输出功率不再增加，导致风力发电机组过载，通过空气动力学的失速特性，使叶片

发生失速，从而控制风力发电机组的功率输出。

② 变桨距失速型机组控制　风速超过风力发电机组额定风速以上时，为确保风力发电机组输出功率不再增加，导致风力发电机组过载，通过改变桨叶节距角和空气动力学的失速特性，使叶片吸收风功率减少或者发生失速，从而控制风力发电机组的功率输出。

③ 控制功能和控制参数　节距限制、功率限制、风轮转速、电气负荷的连接、启动和停机过程、电网或负荷丢失时的停机、扭缆的限制、机舱对风、运行时电量和温度的限制。

④ 保护环节以失效保护为原则进行设计。

（2）自动运行控制要求

① 大风情况下当风速达到停机风速时，风力发电机组应叶尖限速脱网抱液压机械闸停机，而且在脱网同时风力发电机组偏航 90°。停机后待风速降低到大风开机风速时，风力发电机组又可自动并入电网运行。

② 为了避免小风时发生频繁开、停机现象，在并网后 10min 内不能按风速自动停机。同样在小风自动脱网停机后，5min 内不能软切并网。

③ 当风速小于停机风速时，为了避免风力发电机组长期逆功率运行，造成电网损耗，应自动脱网，使风力发电机组处于自由转动的待风状态。

④ 当风速大于开机风速，要求风力发电机组的偏航机构始终能自动跟风。跟风精度范围±15°。

⑤ 风力发电机组的液压机械闸在并网运行、开机和待风状态下，应该松开机械闸，其余状态下（大风停机、断电和故障等）均应抱闸。

⑥ 风力发电机组的叶尖闸除非在脱网瞬间、超速和断电时释放起平稳刹车作用，其余时间（运行期间、正常和故障停机期间）均处于归位状态。

⑦ 在大风停机和超速停机的情况下，风力发电机组除了应该脱网、抱闸和甩叶尖闸停机外，还应该自动投入偏航控制，使风力发电机组的机舱轴心线与风向成一定的角度，增加风力发电机组脱网的安全度，待机舱转约 90°后机舱保持与风向偏 90°跟风控制，跟风范围±15°。

⑧ 在电网中断、缺相和过电压的情况下，风力发电机组应停止运行，此时控制系统不能供电。如果正在运行时风力发电机组遇到这种情况，应能自动脱网和抱闸刹车停机，此时偏航机构不会动作，风力发电机组的机械结构部分应能承受考验。

⑨ 风力发电机组塔架内的悬挂电缆，只允许扭转±2.5 圈系统，已设计了正/反向扭缆计数器超过时，自动停机解缆达到要求时，再自动开机恢复运行发电。

⑩ 风力发电机组应具有手动控制功能（包括远程遥控手操），手动控制时"自动"功能应该解除。相反地，投入自动控制时有些"手动"功能自动屏蔽。

⑪ 控制系统应该保证风力发电机组的所有监控参数在正常允许的范围内，一旦超过极限并出现危险情况，应该自动处理并安全停机。

（3）控制保护要求

① 主电路保护　变压器低压侧三相四线进线处设置低压配电低压断路器→维护操作安全和短路过载保护。

② 过电压、过电流保护 主电路计算机电源进线端、控制变压器进线和有关伺服电动机的进线端均设置过电压、过电流保护措施。

③ 防雷设施及熔丝 控制系统有专门设计的防雷保护装置。

④ 过继电保护 运行的所有输出运转机构的过热、过载保护控制装置。

⑤ 接地保护 金属部分均要实现保护接地。

7.1.3 控制系统总体结构

风力发电机组控制系统的总体结构如图 7-1 所示。

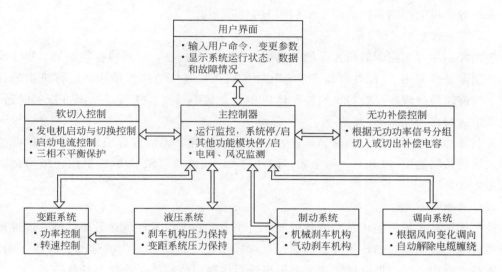

图 7-1 风力发电机组控制系统的总体结构

针对上述结构，目前绝大多数风力发电机组的控制系统都采用基于 DCS 技术的专用控制器，列举的三种风力发电机组均采用了这种控制器。这种控制器的最大优点是有各种功能的专用模块可供选择，可以方便地实现就地控制，许多控制模块可直接布置在控制对象的工作点，就地采集信号进行处理。避免了各类传感器和舱内执行机构与地面主控制器之间大量的通信线路及控制线路。同时 DCS 现场适应性强，便于控制程序现场调试及在机组运行时可随时修改控制参数。主控制器通过各类安装在现场的模块，对电网、风况及风力发电机组运行参数进行监控，并与其他功能模块保持通信，对各方面的情况作出综合分析后，发出各种控制指令。

7.1.4 控制系统部件

风电控制系统包括现场风力发电机组控制单元、高速环型冗余光纤以太网、远程上位机操作员站等部分。现场风力发电机组控制单元是每台风机控制的核心，实现机组的参数监视、自动发电控制和设备保护等功能；每台风力发电机组配有就地 HMI 人机接口以实现就地操作、调试和维护机组；高速环型冗余光纤以太网是系统的数据高速公路，将机组的实时数据送至上位机界面；上位机操作员站是风电厂的运行监视核心，并具备完善的机组状态监视、参数报警、实时/历史数据的记录显示等功能，操作员在控制室内实现对风电场所有机组的运行监视及操作。

风力发电机组控制单元（WPCU）是每台风机的控制核心，分散布置在机组的塔筒和机舱内。由于风电机组现场运行环境恶劣，对控制系统的可靠性要求非常高，而风电控制系统是专门针对大型风电场的运行需求而设计，应具有极高的环境适应性和抗电磁干扰等能力。

风电控制系统的现场控制站包括塔座主控制器机柜、机舱控制站机柜、变浆距系统、变流器系统、现场触摸屏站、以太网交换机、现场总线通信网络、UPS电源、紧急停机后备系统等。风电控制系统的网络结构如图 7-1 所示。

（1）塔座控制站

塔座控制站即主控制器机柜是风电机组设备控制的核心，主要包括控制器、I/O 模件等。控制器硬件采用 32 位处理器，系统软件采用强实时性的操作系统，运行机组的各类复杂主控逻辑通过现场总线与机舱控制器机柜、变浆距系统、变流器系统进行实时通信，以使机组运行在最佳状态。

控制器的组态采用功能丰富、界面友好的组态软件，采用符合 IEC61131-3 标准的组态方式，包括功能图（FBD）、指令表（LD）、顺序功能块（SFC）、梯形图、结构化文本等组态方式。

（2）机舱控制站

机舱控制站采集机组传感器测量的温度、压力、转速以及环境参数等信号，通过现场总线和机组主控制站通信，主控制器通过机舱控制机架以实现机组的偏航、解缆等功能，此外还对机舱内各类辅助电机、油泵、风扇进行控制以使机组工作在最佳状态。

（3）变浆距系统

大型 MW 级以上风电机组通常采用液压变浆系统或电动变浆系统。变浆系统由前端控制器对 3 个风机叶片的浆距驱动装置进行控制，其是主控制器的执行单元，采用 CANOPEN 与主控制器进行通信，以调节 3 个叶片的浆距工作在最佳状态。变浆系统有后备电源系统和安全链保护，保证在危急工况下紧急停机。

（4）变流器系统

大型风力发电机组目前普遍采用大功率的变流器以实现发电能源的变换，变流器系统通过现场总线与主控制器进行通信，实现机组的转速、有功功率和无功功率的调节。

（5）现场触摸屏站

现场触摸屏站是机组监控的就地操作站，实现风力机组的就地参数设置、设备调试、维护等功能，是机组控制系统的现场上位机操作员站。

（6）以太网交换机（HUB）

系统采用工业级以太网交换机，以实现单台机组的控制器、现场触摸屏和远端控制中心网络的连接。现场机柜内采用普通双绞线连接和远程控制室上位机采用光缆连接。

（7）现场通信网络

主控制器具有 CANOPEN、PROFIBUS、MODBUS、以太网等多种类型的现场总线接口，可根据项目的实际需求进行配置。

（8）UPS 电源

UPS 电源用于保证系统在外部电源断电的情况下，机组控制系统、危急保护系统以及相关执行单元的供电。

（9）后备危急安全链系统

后备危急安全链系统独立于计算机系统的硬件保护措施，即使控制系统发生异常，也不会影响安全链的正常动作。安全链是将可能对风力发电机造成致命伤害的超常故障串联成一个回路，当安全链动作后将引起紧急停机，机组脱网，从而最大限度地保证机组的安全。

所有风电机组通过光纤以太网连接至主控室的上位机操作员站，实现整个风场的远程监控，上位机监控软件应具有如下功能。

① 系统具有友好的控制界面　在编制监控软件时，充分考虑到风电场运行管理的要求，使用汉语菜单，使操作简单，尽可能为风电场的管理提供方便。

② 系统显示各台机组的运行数据　如每台机组的瞬时发电功率、累计发电量、发电小时数、风轮及电机的转速和风速、风向等，将下位机的这些数据调入上位机，在显示器上显示出来，必要时还可以用曲线或图表的形式直观地显示出来。

③ 系统显示各风电机组的运行状态　如开机、停车、调向、手/自动控制以及大/小发电机工作等情况，通过各风电机组的状态了解整个风电场的运行情况。

④ 系统能够及时显示各机组运行过程中发生的故障　在显示故障时，能显示出故障的类型及发生时间，以便运行人员及时处理及消除故障，保证风电机组的安全和持续运行。

⑤ 系统能够对风电机组实现集中控制　值班员在集中控制室内，只需对标明某种功能的相应键进行操作，就能对下位机进行改变设置状态和对其实施控制，如开机、停机和左右调向等。但这类操作有一定的权限，以保证整个风电场的运行安全。

⑥ 系统管理　监控软件具有运行数据的定时打印和人工即时打印以及故障自动记录的功能，以便随时查看风电场运行状况的历史记录情况。

7.2 风电控制系统基本功能

风力发电机组的控制系统是综合性控制系统，不仅要监视电网、风况和机组运行参数，对机组进行并网、脱网控制，以确保运行过程的安全性和可靠性，而且还要根据风速、风向的变化，对机组进行优化控制，以提高机组的运行效率和发电量。

风力发电控制系统的基本目标分为 3 个层次：保证可靠运行、获取最大能量、提供质量良好的电力。基本功能主要包括 3 个方面：一是数据采集（DAS）功能，包括采集电网、气象、机组参数，实现控制、报警、记录、曲线功能等；二是机组控制功能，包括自动启动机组、并网控制、转速控制、功率控制、无功补偿控制、自动对风控制、解缆控制、自动脱网、安全停机控制等；三是远程监控系统功能，包括机组参数、相关设备状态的监控，历史和实时曲线功能，机组运行状况的累计监测等。

7.2.1 数据采集（DAS） 功能

风力发电机组需要持续监测的电力参数，包括电网三相电压、发电机输出的三相电流、电网频率、发电机功率因数等。这些参数无论风力发电机组是处于并网状态还是脱网状态，都被监测，用于判断风力发电机组的启动条件、工作状态及故障情况，还用于统计风力发电机组的有功功率、无功功率和总发电量。此外，还根据电力参数，主要是发电机有功功率和功率因数来确定补偿电容的投入与切出。

（1）电力参数监测

① 电压测量　电压测量主要检测以下故障：电网冲击相电压超过 450V 持续 0.2s；过电压相电压超过 433V 持续 50s；低电压相电压低于 329V 持续 50s；电网电压跌落相电压低于 260V 持续 0.1s；相序故障。

对电压故障要求反应较快。在主电路中设有过电压保护，其动作设定值可参考冲击电压整定保护值。发生电压故障时风力发电机组必须退出电网，一般采取正常停机，而后根据情况进行处理。

电压测量值经平均值算法处理后，可用于计算机组的功率和发电量的计算。

② 电流测量　关于电流的故障如下。

a. 电流跌落　0.1s 内一相电流跌落 80%。

b. 三相不对称　三相中有一相电流与其他两相相差过大，相电流相差 25%，或在平均电流低于 50A 时，相电流相差 50%。

c. 晶闸管故障　软启动期间，某相电流大于额定电流或者触发脉冲发出后电流连续 0.1s 为 0。

对电流故障同样要求反应迅速。通常控制系统带有两个电流保护，即电流短路保护和过电流保护。电流短路保护采用断路器，动作电流按照发电机内部相间短路电流整定，动作时间 0～0.05s，过电流保护由软件控制，动作电流按照额定电流的 2 倍整定，动作时间 1～3s。电流测量值经平均值算法处理后与电压、功率因数合成为有功功率、无功功率及其他电力参数。

电流是风力发电机组并网时需要持续监视的参量，如果切入电流不小于允许极限，则晶闸管导通角不再增大，当电流开始下降后，导通角逐渐打开直至完全开启。并网期间，通过电流测量可检测发电机或晶闸管的短路及三相电流不平衡信号。如果三相电流不平衡超出允许范围，控制系统将发出故障停机指令，风力发电机组退出电网。

③ 频率　电网频率被持续测量。测量值经平均值算法处理与电网上、下限频率进行比较，超出时风力发电机组退出电网。

电网频率直接影响发电机的同步转速，进而影响发电机的瞬时出力。

④ 功率因数　功率因数通过分别测量电压相角和电流相角获得，经过移相补偿算法和平均值算法处理后，用于统计发电机有功功率和无功功率。由于无功功率导致电网的电流增加，线损增大，且占用系统容量。因而送入电网的功率，感性无功分量越少越好，一

般要求功率因数保持在 0.95 以上。为此，风力发电机组使用了电容器补偿无功功率。考虑到风力发电机组的输出功率常在大范围内变化，补偿电容器一般按不同容量分成若干组，根据发电机输出功率的大小来投入与切出。这种方式投入补偿电容时，可能造成过补偿。此时会向电网输入容性无功。

电容补偿未改变发电机运行状况。补偿后发电机接触器上电流应大于主接触器电流。

⑤ 功率　功率可通过测得的电压、电流、功率因数计算得出，用于统计风力发电机组的发电量。

风力发电机组的功率与风速有固定函数关系，如测得功率与风速不符，可以作为风力发电机组故障判断的依据。当风力发电机组功率过高或过低时，可以作为风力发电机组退出电网的依据。

（2）风力参数监测

① 风速通过机舱外的数字式风速仪测得。计算机每秒采集一次来自于风速仪的风速数据；每 10min 计算一次平均值，用于判别起动风速（风速 $V > 3m/s$ 时，启动小发电机，$V > 8m/s$ 启动大发电机）和停机风速（$V > 25m/s$）。安装在机舱顶上的风速仪处于风轮的下风向，本身并不精确，一般不用来产生功率曲线。

② 风向标安装在机舱顶部两侧，主要测量风向与机舱中心线的偏差角。一般采用两个风向标，以便互相校验，排除可能产生的误信号。控制器根据风向信号，启动偏航系统。当两个风向标不一致时，偏航会自动中断。当风速低于 3m/s 时，偏航系统不会启动。

（3）转速测量

风力发电机组转速的测量点有两个，即发电机转速和风轮转速。

转速测量信号用于控制风力发电机组并网和脱网，还可用于启动超速保护系统，当风轮转速超过设定值 n_1 或发电机转速超过设定值 n_2 时，超速保护动作，风力发电机组停机。

风轮转速和发电机转速可以相互校验。如果不符，则提示风力发电机组故障。

（4）温度

有 8 个点的温度被测量，用于反映风力发电机组系统的工作状况。这 8 个点包括：①增速器油温；②高速轴承温度；③大发电机温度；④小发电机温度；⑤前主轴承温度；⑥后主轴承温度；⑦控制盘温度（主要是晶闸管的温度）；⑧控制器环境温度。

由于温度过高引起风力发电机组退出运行，在温度降至允许值时，仍可自动启动风力发电机组运行。

（5）机舱振动

为了检测机组的异常振动，在机舱上应安装振动传感器。传感器由一个与微动开关相连的钢球及其支撑组成。异常振动时，钢球从支撑它的圆环上落下，拉动微动开关，引起安全停机。重新启动时，必须重新安装好钢球。

机舱后部还设有桨叶振动探测器（TAC84 系统）。过振动时将引起正常停机。

（6）电缆扭转

由于发电机电缆及所有电气、通信电缆均从机舱直接引入塔筒，直到地面控制柜。如果机舱经常向一个方向偏航，会引起电缆严重扭转。因此偏航系统还应具备扭缆保护的功能。偏航齿轮上安有一个独立的记数传感器，以记录相对初始方位所转过的齿数。当风力机向一个方向持续偏航达到设定值时，表示电缆已被扭转到危险的程度，控制器将发出停机指令并显示故障。风力发电机组停机并执行顺或逆时针解缆操作。为了提高可靠性，在电缆引入塔筒处（即塔筒顶部），还安装了行程开关，行程开关触点与电缆相连，当电缆扭转到一定程度时可直接拉动行程开关，引起安全停机。

为了便于了解偏航系统的当前状态，控制器可根据偏航记数传感器的报告，以记录相对初始方位所转过的齿数显示机舱当前方位与初始方位的偏转角度及正在偏航的方向。

（7）机械刹车状况

在机械刹车系统中装有刹车片磨损指示器，如果刹车片磨损到一定程度，控制器将显示故障信号，这时必须更换刹车片后才能启动风力发电机组。

在连续两次动作之间，有一个预置的时间间隔，使刹车装置有足够的冷却时间，以免重复使用使刹车盘过热。根据不同型号的风力发电机组，也可用温度传感器来取代设置延时程序。这时刹车盘的温度必须低于预置的温度，才能启动风力发电机组。

（8）油位

风力发电机的油位包括润滑油位、液压系统油位。

（9）各种反馈信号的检测

控制器在以下指令发出后的设定时间内应收到动作已执行的反馈信号：①回收叶尖扰流器；②松开机械刹车；③松开偏航制动器；④发电机脱网及脱网后的转速降低信号。否则将出现相应的故障信号，执行安全停机。

7.2.2　机组控制功能

（1）增速器油温的控制

增速器箱体内一侧装有PT100温度传感器。运行前，保证齿轮油温高于0℃（根据润滑油的要求设定），否则加热至10℃再运行。正常运行时，润滑油泵始终工作，对齿轮和轴承进行强制喷射润滑。当油温高于60℃时，油冷却系统启动，油被送入增速器外的热交换器进行自然风冷或强制水冷。油温低于45℃时，冷却油回路切断，停止冷却。

目前大型风力发电机组增速器均带有强制润滑冷却系统和加热器。但油温加热器与箱外冷却系统并非缺一不可。例如对于我国南方，如广东省的沿海地区，气温很少低于0℃，可不用考虑加热器。对一些气温不高的地区，也可不用设置箱外冷却系统。

（2）发电机温升控制

通常在发电机的三相绕组及前后轴承里面各装有一个PT100温度传感器，发电机在额定状态下的温度为130～140℃，一般在额定功率状态下运行5～6h后达到这一温度。当温度高于150～155℃时，风力发电机组将会因温度过高而停机。当温度降落到100℃以下时，风力发电机组又会重新启动并入电网（如果自启动条件仍然满足）。发电机温度的控制点可根据当地情况进行现场调整。

对在安装在湿度和温差较大地点的风力发电机组，发电机内部可安装电加热器，以防止大温差引起发电机绕组表面的水凝结。

一般用于风力发电机组的发电机均采取强制风冷。但新推出的 NM750/48 风力发电机组设置了水冷系统。冷却水管道布置在定子绕组周围，通过水泵与外部散热器进行循环热交换。冷却系统不仅直接带走发电机内部的热量，同时通过热交换器带走齿轮润滑油的热量，如图 7-2 所示，从而使风力发电机组的机舱可以设计成密封型。采用强制水冷，大大提高了发电机的冷却效果，提高了发电机的工作效率。并且由于密封良好，避免了舱内风砂雨水的侵入，给机组创造了有利的工作环境。

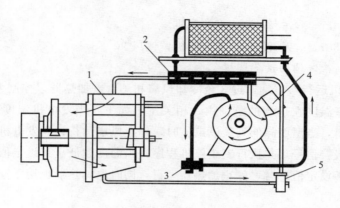

图 7-2　发电机增速器循环冷却系统

1—增速器；2—热交换器；3—水泵；4—散热器；5—液压泵

（3）风力机组功率、转速调节

根据风力机特性，当机组处于最佳叶尖速比 λ 运行时，风机机组将捕获得最大的能量，虽理论上机组转速可在任意转速下运行，但受实际机组转速限制、系统功率限制，不得不将该阶段分为以下几个运行区域，即变速运行区域、恒速运行区域和恒功率运行区。额定功率内的运行状态包括变速运行区（最佳的 λ）和恒速运行区。

当风机并网后，转速小于极限转速、功率低于额定功率时，根据当前实际风速，调节风轮的转速，使机组工作在捕获最大风能的状态。

由于风速仪测量点的风速与作用于桨叶的风速存在一定误差，所以用转矩观测器来预测风力机组的机械传动转矩，并通过发电机转速和转矩的对应关系推出转速。

当风速增加使发电机转速达上限后，主控制器需维持转速恒定，风力机组发出的电功率，随风速的增加而增加，此时机组偏离了风力机的最佳 λ 曲线运行。

当风速继续增加，使转速、功率都达到上限后，进入恒功率运行区运行，此状态下主控通过变流器，维持机组的功率恒定，主控制器一方面通过桨距系统的调节减少风力攻角，减少叶片对风能的捕获；另一方面通过变流器降低发电机转速节，使风力机组偏离最佳 λ 曲线运行，维持发电机的输出功率稳定。

（4）风力发电机组退出电网

风力发电机组各部件受其物理性能的限制，当风速超过一定的限度时，必需脱网停机。例如风速过高将导致叶片大部分严重失速，受剪切力矩超出承受限度而导致过早损坏。因而在风速超出允许值时，风力发电机组应退出电网。

由于风速过高引起的风力发电机组退出电网有以下几种情况：

① 风速高于 25m/s，持续 10min。一般来说，由于受叶片失速性能限制，在风速超出额定值时发电机转速不会因此上升。但当电网频率上升时，发电机同步转速上升，要维持发电机出力基本不变，只有在原有转速的基础上进一步上升，可能超出预置值。这种情况通过转速检测和电网频率监测可以做出迅速反应。如果过转速，释放叶尖扰流器后还应使风力发电机组侧风 90°，以便转速迅速降下来。当然，只要转速没有超出允许限额，只需执行正常停机。

② 风速高于 33m/s，持续 2s，正常停机。

③ 风速高于 50m/s，持续 1s，安全停机，侧风 90°。

（5）风电控制系统辅助设备逻辑

① 监控发电机运行参数，通过 3 台冷却风扇和 4 台电加热器，控制发电机线圈温度、轴承温度、滑环室温度在适当的范围内，相关逻辑如下：当发电机温度升高至某设定值后，启动冷却风扇，当温度降低到某设定值时，停止风扇运行；当发电机温度过高或过低并超限后，发出报警信号，并执行安全停机程序；当温度越低至某设定值后，启动电加热器，温度升高至某设定值后时，停止加热器运行，同时电加热器也用于控制发电机的温度端差在合理的范围内。

② 机组的液压系统用于偏航系统刹车、机械刹车盘驱动。机组正常时，需维持额定压力区间运行。

液压泵控制液压系统压力，当压力下降至设定值后，启动油泵运行，当压力升高至某设定值后，停泵。

③ 气象系统为智能气象测量仪器，通过 RS-485 接口和控制器进行通信，将机舱外的气象参数采集至控制系统。根据环境温度控制气象测量系统的加热器以防止结冰。

闪光障碍灯控制，每个叶片的末端安装闪光障碍灯，在夜晚点亮。

机舱风扇控制机舱内环境温度。

④ 变桨距系统包括每个叶片上的电机、驱动器以及主控制 PLC 等部件，该 PLC 通过 CAN 总线和机组的主控系统通信，是风电控制系统中桨距调节控制单元，变桨距系统有后备 DO 顺桨控制接口。桨距系统的主要功能如下：紧急刹车顺桨系统控制，在紧急情况下，实现风机顺桨控制。通过 CAN 通信接口和主控制器通信，接受主控指令，桨距系统调节桨叶的节角矩至预定位置。桨距系统和主控制器的通信内容包括：

- 桨叶 A 位置反馈；
- 桨叶 B 位置反馈；
- 桨叶 C 位置反馈；
- 桨叶节距给定指令；
- 桨距系统综合故障状态；
- 叶片在顺桨状态；
- 顺桨命令。

⑤ 增速齿轮箱系统用于将风轮转速增速至双馈发电机的正常转速运行范围内，需监视和控制齿轮油泵、齿轮油冷却器、加热器、润滑油泵等。

当齿轮油压力低于设定值时，启动齿轮油泵；当压力高于设定值时，停止齿轮油泵。当压力越限后，发出警报，并执行停机程序。

齿轮油冷却器/加热器控制齿轮油温度：当温度低于设定值时，启动加热器，当温度高于设定值时停止加热器；当温度高于某设定值时，启动齿轮油冷却器，当温度降低到设定值时停止齿轮油冷却器。

润滑油泵控制，当润滑油压低于设定值时，启动润滑油泵，当油压高于某设定值时，停止润滑油泵。

⑥ 偏航系统控制。根据当前的机舱角度和测量的低频平均风向信号值，以及机组当前的运行状态、负荷信号，调节 CW（顺时针）和 CCW（逆时针）电机，实现自动对风、电缆解缆控制。

自动对风：当机组处于运行状态或待机状态时，根据机舱角度和测量风向的偏差值调节 CW、CCW 电机，实现自动对风（以设定的偏航转速进行偏航，同时需要对偏航电机的运行状态进行检测）。

自动解缆控制：当机组处于暂停状态时，如机舱向某个方向扭转大于 720°时，启动自动解缆程序，或者机组在运行状态时，如果扭转大于 1024°时，实现解缆程序。

⑦ 主控制器通过 CANOPEN 通信总线和变流器通信，变流器实现并网/脱网控制、发电机转速调节、有功功率控制、无功功率控制。

并网和脱网：变流器系统根据主控的指令，通过对发电机转子励磁，将发电机定子输出电能控制至同频、同相、同幅，再驱动定子出口接触器合闸，实现并网；当机组的发电功率小于某值持续几秒后，或风机或电网出现运行故障时，变流器驱动发电机定子出口接触器分闸，实现机组的脱网。

发电机转速调节：机组并网后在额定负荷以下阶段运行时，通过控制发电机转速实现机组在最佳 λ 曲线运行，通过将风轮机当做风速仪测量实时转矩值，调节机组至最佳状态运行。

功率控制：当机组进入恒定功率区后，通过和变频器的通信指令，维持机组输出而定的功率。

无功功率控制：通过和变频器的通信指令，实现无功功率控制或功率因数的调节。

⑧ 安全链回路独立于主控系统，并行执行紧急停机逻辑，所有相关的驱动回路有后备电池供电，保证系统在紧急状态可靠执行。

7.2.3　远程监控系统功能

风电场远程监控系统，主要对分布在不同地区风电场的风力发电机组及场内变电站的设备运行情况及生产运行数据进行实时采集和监控，使监控中心能够及时准确地了解各风电场的生产运行状况。

风电场远程监控系统主要包括风力发电机组监控系统、场内变电站监控系统、风电场视频/安防系统。

（1）风电机组监控系统

风电机组监控系统用于控制机组运行、故障处理及机组的启、停等操作，监视机组运行情况，集中接收各风力发电机组的运行数据。包括通信管理、分布示意图、风机监视、远程操作、报表功能、测点历史数据、报警功能、修改参数、安全级别设置等子功能。

（2）变电站监控系统

变电站远程监控系统综合所有功能，应用自动控制技术、计算机数字化技术和数字化信息传输技术，将风电场变电站相互有关联的各部分总成为一个有机的整体，用以完成从升压站安全监测、远程监视调度控制到单个点和多个点的操作处理。

（3）视频/安防系统

图像监控/安防系统结合远程和本地人员操作经验的优势，避免误操作；通过图像监控、灯光联动、环境监测监视现场设备的运行状况，起到预警和保护作用。

7.3 安全保护系统

安全保护以失效保护为原则进行设计，当控制失败，内部或外部故障影响，导致出现危险情况引起机组不能正常运行时，系统安全保护装置动作，保护风力发电机组处于安全状态。在下列情况系统自动执行保护功能：超速、发电机过载和故障、过振动、电网或负载丢失、脱网时的停机失败等。保护环节为多级安全链互锁，在控制过程中具有逻辑"与"的功能，而在达到控制目标方面可实现逻辑"或"的结果。此外，系统还设计了防雷装置，对主电路和控制电路分别进行防雷保护。控制线路中每一电源和信号输入端均设有防高压元件，主控柜设有良好的接地并提供简单而有效的疏雷通道。

7.3.1 安全保护目标

① 大风保护安全系统机组设计　大风安全保护参数有切入风速 V_q，停机风速 V_t，一般取 10min、25m/s 的风速为停机风速；由于此时风的能量很大，系统必须采取保护措施，在停机前对失速型风力发电机组；风轮叶片自动降低风能的捕获，风力发电机组的功率输出仍然保持在额定功率左右；而对于变桨距风力发电机组必须调节叶片变距角，实现功率输出的调节，限制最大功率的输出，保证发电机运行安全。当大风停机时，机组必须按照安全程序停机。停机后，风力发电机组必须 90°对风控制。

② 参数越限保护　风力发电机组运行中，有许多参数需要监控，不同机组运行的现场，规定越限参数值不同，温度参数由计算机采样值和实际工况计算确定上下限控制，压力参数的极限，采用压力继电器，根据工况要求，确定和调整越限设定值，继电器输入触点开关信号给计算机系统，控制系统自动辨别处理。电压和电流参数由电量传感器转换送入计算机控制系统，根据工况要求和安全技术要求确定越限电流电压控制的参数。

③ 电气设备保护　电压保护指对电气装置元件遭到的瞬间高压冲击所进行的保护，通常对控制系统交流电源进行隔离稳压保护，同时装置加高压瞬态吸收元件，提高控制系统的耐高压能力。

电流保护控制系统所有的电器电路（除安全链外），都必须加过流保护器，如熔丝、空气开关。

④ 振动保护　振动保护机组设有三级振动频率保护，振动球开关、振动频率极限 1、振动频率极限 2，当开关动作时，系统将分级进行处理。

⑤ 启机和停机并网保护　开机保护设计机组开机正常顺序控制，对于定桨距失速异步风力发电机组，采取软切控制限制并网时对电网的电冲击；对于同步风力发电机，采取同步、同相、同压并网控制，限制并网时的电流冲击。

关机保护风力发电机组在小风、大风及故障时需要安全停机，停机的顺序应先空气气动制动，然后，软切除脱网停机。软脱网的顺序控制与软并网的控制基本一致。

⑥ 紧急停机安全链保护　紧急停机是机组安全保护的有效屏障，当振动开关动作、转速超转速、电网中断、机组部件突然损坏或火灾时，风力发电机组紧急停机，系统的安全链动作，将有效的保护系统各环节工况安全，控制系统在 3s 左右，将机组平稳停止。

7.3.2　启动安全保护系统条件

① 超速。

② 发电机过载或故障。

③ 过度振动。

④ 在电网失效、脱网或负载丢失时关机失效。

⑤ 于机舱偏航转动造成电缆的过度缠绕。

此外，在控制系统功能失效或使用紧急关机开关时，也应启动安全保护系统。

7.3.3　安全保护功能

（1）安全链

系统的安全链是独立于计算机系统的硬件保护措施，即使控制系统发生异常，也不会影响安全链的正常动作。安全链采用反逻辑设计，将可能对风力发电机造成致命伤害的超常故障串联成一个回路，当安全链动作后，将引起紧急停机，执行机构失电，机组瞬间脱网，从而最大限度地保证机组的安全。发生下列故障时将触发安全链：叶轮过速、看门狗、扭缆、24V 电源失电、振动和紧急停机按钮动作。

（2）防雷保护

多数风机都安装在山谷的风口处或海岛的山顶上，易受雷击，安装在多雷雨区的风力发电机组受雷击的可能性更大，其控制系统最容易因雷电感应造成过电压损害，因此在 600kW 风力发电机组控制系统的设计中专门做了防雷处理。使用避雷器吸收雷电波时，各相避雷器的吸收差异容易被忽视，雷电的侵入波一般是同时加在各相上的，如果各相的吸收特性差异较大，在相间形成的突波会经过电源变压器对控制系统产生危害。因此，为了保障各相间平衡，我们在一级防雷的设计中使用了 3 个吸收容量相同的避雷器，二、三级防雷的处理方法与此类同。控制系统的主要防雷击保护：①主电路三相 690V 输入端（即供给偏航电机、液压泵等执行机构的前段）做了一级防雷保护；②对控制系统中用到的两相 220V 电压输出端（电磁阀、断路器、接触器和 UPS 电源等电子电路的输入端）采取二级防雷措施；③在电量采集通信线路上安装了通信避雷器加以保护；④在中心控制器的电源端口增加了三级防雷保护。

（3）硬件保护

硬件本身的保护措施主要采取了 3 种方法：硬件互锁电路、过电压以及过电流保护。

① 风力发电机组中的左、右偏航电机和大、小发电机只有一个可以运行，我们通过接触器辅助触点的互联对其进行了互锁。例如，左右偏航电机接触器正常情况下处于断开状态，其各自的辅助触点处于闭合状态。将左偏航电机的辅助触点串接到右偏航电机回路里，右偏航电机的辅助触点串接到左偏航电机回路里；当机组需要左偏航时，左偏航接触器带电，而串在右偏航电机回路里的左偏航接触器辅助触点断开，从而保障了正确的偏航。当由于误动作引起左右偏航电机接触器都带电时，它们的辅助触点都断开，机组不进行偏航，从而达到了保护机组安全运行的目的。

② 在设计时，对断路器、接触器等选件都进行了负荷计算。选择的原则：既留有裕量也不会使执行机构等受到冲击，当有瞬时冲击电流通过电缆传入控制柜时，控制系统具有自我保护的能力。

③ 通过将快速熔断器、速断保护的断路器（根据各自的负荷计算允许通过的电流）等串在执行机构的前端，防止了大电流流过回路，从而减少了不必要的损害。

（4）接地保护

在整个控制系统中用了以下 5 种接地方式，来达到安全保护的目的。

① 工作接地。变压器的中性点设置接地。

② 保护接地。为了防止控制系统的金属外壳在绝缘被破坏时可能带电，以致危及人身安全而设置的接地。

③ 防雷接地。避雷器的一端与控制系统中被保护的设备相连，另一端连接到地下，能把雷电流引入大地。

④ 防静电接地。将控制系统中的金属可导电部分在工作过程中产生的静电电流引入大地。

⑤ 屏蔽接地。为防止外界磁场对流经电缆时信号产生影响，设计时选用了屏蔽电缆，并将电缆屏蔽层接地。

（5）电网掉电保护 UPS 电源

风力发电机组离开电网的支持是无法工作的，一旦有突发故障而停电时，控制计算机由于失电会立即终止运行，并失去对风机的控制，控制叶尖气动刹车和机械刹车的电磁阀就会立即打开，液压系统会失去压力，制动系统动作，执行紧急停机。紧急停机意味着在极短的时间内，风机的制动系统将风机叶轮转数由运行时的额定转速变为零。大型的机组在极短的时间内完成制动过程，将会对机组的控制系统、齿轮箱、主轴和叶片以及塔架产生强烈的冲击。紧急停机的设置是为了在出现紧急情况时保护风电机组安全的。然而，电网故障无需紧急停机；突然停电往往出现在天气恶劣、风力较强时，紧急停机将会对风机的寿命造成一定影响；风机主控制计算机突然失电就无法将风机停机前的各项状态参数及时存储下来，这样就不利于迅速对风机发生的故障作出判断和处理。针对上述情况，对控制电路做了相应的改进。在控制系统电路中加设了一台 1kV·A 的在线 UPS 后备电源，这样当电网突然停电时，UPS 机及时投入，为风机的控制系统提供足够的动力，使风机制动系统按正常程序完成停机过程。

思考题

7-1 控制系统的目标是什么？

7-2 简述控制系统的总体结构，包括哪些部件？

7-3 风力发电机组的控制思想是什么？

7-4 控制系统的功能是什么？

7-5 在考虑风力发电机组控制目标时，重点要实现哪些控制目标？

7-6 简述测量部分各类传感器名称及测量对象。

7-7 风力发电机的工作状态有几种？简述各工作状态。

7-8 风力发电机组控制保护的要求是什么？

7-9 简述安全保护系统和控制系统的关系。

7-10 风电场的远程监控主要包括哪几部分？每部分所起的作用是什么？

7-11 安全保护系统的功能是什么？

7-12 在何种情况下才会启动安全保护系统？

实训七 风力发电机组控制系统

一、实训目的
① 了解风力发电机组控制系统的常规工作内容。
② 掌握风力发电机组工作状态的转换条件和控制参数。

二、实训内容
① 对风力发电机组的控制系统进行操作，了解风力发电机组的工作状态转换。
② 通过一些故障的处理，掌握风力发电机组的故障有多少种，学习到简单的故障处理方法。

三、实训步骤
① 认识风电控制系统的各部件。
② 首先手动控制风电缩比系统，通过手动控制观察偏航系统、变桨系统等，然后记录各系统参数变化。
③ 将手动控制改成自动控制，自动控制要求在无人值守的条件下实施运行人员设置的控制策略，保证机组正常安全运行。监测部分将风电缩比系统各种传感器采集到的数据送到控制器，经过处理作为控制参数或作为原始记录储存起来。
④ 在机组控制的显示屏上对各种参数进行查询，通过参数变化观察控制系统对缩比风电机组进行控制，使得缩比风电机组达到性能最优。

四、思考题

① 控制系统的控制策略是什么？

② 风力发电机组有几种工作状态？它们之间是如何转换的及转换条件？

③ 风电机组在发生重大故障时，控制系统和安全保护系统是如何工作的？

五、实训报告要求

学生通过实训完成实训报告。实训报告的要求如下：

① 实训班级姓名；

② 实训内容及步骤；

③ 实训中遇到的问题及解决方法；

④ 实训体会。

第8章

风力发电变频并网技术

随着电力电子技术发展和成本降低。变频技术在控制方面和电网接入方面为风力发电的性能改善提供了一个新的解决方案。电力电子装置可以为风电并网系统中所出现的无功、谐波等电能质量问题提供解决方案。本章详细介绍变频器技术，并针对不同类型的风电系统并网进行阐述。

8.1 变频器技术

变速风力发电机组根据风速的变化，使机组保持最佳叶尖速比，从而获得最大风能。随着电力电子技术的发展，半导体器件和变频器在风电方面应用中有了很大的进步。随着晶闸管、GTO、IGBT 和 IGCT 等电力电子元器件的开发及应用和相应的控制技术的发展，整流侧也可以根据需要采用与逆变侧相同的电力电子元器件和变频结构，变速风力发电机组与电网实现了柔性连接，大大减少了机械冲击和对电网的冲击。

8.1.1 变频器概述

（1）变频器的功用

变频器的功能就是将频率、电压都固定的交流电源变成频率、电压都连续可调的三相交流电源。按照变换环节有无直流环节可以分为交-交变频器和交-直-交变频器。

如图 8-1 所示，变频器的输入端（R，S，T）接至频率固定的三相交流电源，输出端（U，V，W）输出的是频率在一定范围内连续可调的三相交流电，接至电机。

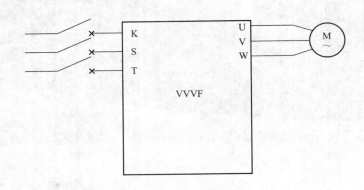

图 8-1　VVVF 示意图

VVVF（Variation Voltage Variation Frequency）频率可变、电压可变

（2）变频器的核心是电力电子器件及控制方式

① 电力电子器件的发展　20 世纪 80 年代中期以前，变频装置功率回路主要采用第一代电力电子器件，以晶闸管元件为主，这种装置的效率、可靠性、成本、体积均无法与同容量的直流调速装置相比。80 年代中期以后采用第二代电力电子器件 GTR.CTO，VD-MOS-IGBT 等制造的变频装置，在性能和价格比上可以与直流调速装置相媲美。随着向大电流、高电压、高频化、集成化、模块化方向继续发展，第三代电力电子器件是 90 年代制造变频装置的主流产品，中小功率的变频调速装置（1~1000kW）主要采用 IGBT，大功率的变频调速装置（1000~10000kW）采用 GTO 器件。

20 世纪 90 年代末至今，电力电子器件的发展进入了第四代，如高压 IGBT、IGCT、IEGT、SGCT、智能功率模块 IPM 等。

② 控制方式　变频器用不同的控制方式，得到的调速性能、特性及用途是不同的。

控制方式大体分为开环控制及闭环控制：开环控制有 U/f 电压与频率成正比的控制方式；闭环有转差频率控制、矢量控制和直接转矩控制。

现在矢量控制可以实现与直流机电枢电流控制相媲美，直接转矩控制直接取交流电动机参数进行控制，方便，准确精度高。

8.1.2　变频器基本原理

变频器的工作原理是把市电（380V、50Hz）通过整流器变成平滑直流，然后利用半导体器件（GTO、GTR 或 IGBT）组成的三相逆变器，将直流电变成可变电压和可变频率的交流电，由于采用微处理器编程的正弦脉宽调制（SPWM）方法，使输出波形近似正弦波，用于驱动异步电机，实现无级调速。

要实现变频调速，必须有频率可调的交流电源，但电力系统却只能提供固定频率的交流电源，因此需要一套变频装置来完成变频的任务。历史上曾出现过旋转变频机组，但由于存在许多缺点而现在很少使用。现代的变频器都是由大功率电子器件构成的。相对于旋转变频机组，被称为静止式变频装置，是构成变频调速系统的中心环节。

一个变频调速系统主要由静止式变频装置、交流电动机和控制电路三大部分组成，如图 8-2 所示。

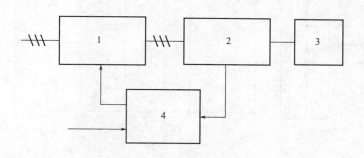

图 8-2　变频调速系统

1—静止式变频装置；2—感应电动机；3—负载；4—控制电路

静止式变频装置的输入是三相式单相恒频、恒压电源，输出则是频率和电压均可调的三相交流电。至于控制电路，变频调速系统要比直流调速系统和其他交流调速系统复杂得多，这是由于被控对象——感应电动机本身的电磁关系以及变频器的控制均较复杂所致。因此变频调速系统的控制任务大多是由微处理机承担。

8.1.3　变频器的结构

（1）主电路

给异步电动机提供调压调频电源的电力变换部分，称为主电路。图 8-3 示出了典型的电压逆变器的例子。其主电路由三部分构成，将工频电源变换为直流功率的整流器，吸收在变流器和逆变器产生的电压脉动的平波回路，以及将直流功率变换为交流功率的逆变器。另外，异步电动机需要制动时，有时要附加制动回路。

① 整流器　最近大量使用的是二极管的变流器，如图 8-3 所示，它把工频电源变换为直流电源。也可用两组晶体管变流器构成可逆变流器，由于其功率方向可逆，可以进行再生运转。

② 平波回路　在整流器整流后的直流电压中，含有电源 6 倍频率的脉动电压，此外逆变器产生的脉动电流也使直流电压变动。为了抑制电压波动，采用电感和电容吸收脉动电压（电流）。装置容量小时，如果电源和主电路构成器件有余量，可以省去电感采用简单的平波回路。

③ 逆变器　同整流器相反，逆变器是将直流功率变换为所要求频率的交流功率，以所确定的时间使 6 个开关器件导通、关断，就可以得到三相交流输出。

④ 制动回路　异步电动机在再生制动区域使用时（转差率为负），再生能量存于平波回路电容器中，使直流电压升高。一般说来，由机械系统（含电动机）惯量积累的能量比

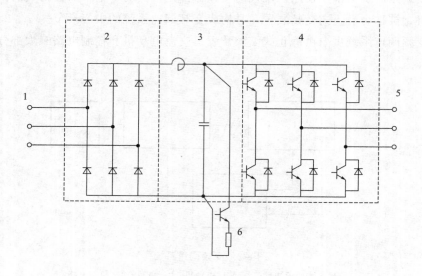

图 8-3　变频器主电路示意图

1—工频电源；2—变流器；3—平波电路；4—逆变器；5—变频电源；6—制动电路

电容能储存的能量大，需要快速制动时，可用可逆变流器向电源反馈或设置制动回路（开关和电阻）把再生功率消耗掉，以免直流电路电压上升。

⑤ 异步电动机的四象限运行　根据负载种类，所需要的异步电动机旋转方向和转矩方向是不同的，必须根据负载构成适当的主电路图。在 Ⅰ、Ⅲ 象限异步电动机的转矩方向与旋转方向一致，为电动状态。Ⅰ 象限是正转的电动运转，Ⅲ 象限是反转的电动运转。在 Ⅱ、Ⅳ 象限器转矩方向与旋转方向相反，为再生状态。Ⅱ 象限为正转的再生运转，Ⅳ 象限为反转的再生运转。电动机运转时，则只需由电源向异步电动机供给功率，可使用不可逆变流器。对于减速时需要制动力的负载，功率就必须从异步电动机向逆变器流传，可附加制动回路以便能在 Ⅱ、Ⅳ 象限使用。另外，对于需要急加减速并且加减速频繁的场所（例如电梯），或者对于制动为主要目的的场合，可以采用可逆变流器，实现 Ⅰ～Ⅳ 的象限运转。此时，能量向电源反馈而节能。

（2）控制电路

给异步电动机供电（电压、频率可调）的主电路提供控制信号的回路，称为控制电路。如图 8-4 所示，控制电路由以下电路组成：频率、电压的运算电路、主电路的电压、电流检测电路，电动机的速度检测电路，将运算电路的控制信号进行放大的驱动电路，以及逆变器和电动机的保护电路。在图 8-4 虚线内，无速度检测电路，为开环控制。在控制电路增加了速度检测电路，即增加速度指令，可以对异步电动机的速度进行控制更精确的闭环控制。

① 运算电路将外部的速度、转矩等指令同检测电路的电流、电压信号进行比较运算，决定逆变器的输出电压、频率。

② 电压、电流检测电路与主回路电位隔离检测电压、电流等。

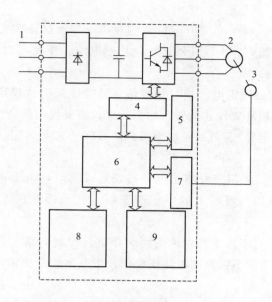

图 8-4　控制电路

1—电源；2—电机；3—速度检测；4—驱动电路；5—V/I检测；6—运算电路；

7—速度检测；8—I/O电路；9—保护电路

③ 驱动电路为驱动主电路器件的电路。它与控制电路隔离，使主电路器件导通、关断。

④ I/O输入输出电路。为了变频器更好地人机交互，变频器具有多种输入信号的输入（比如运行、多段速度运行等）信号，还有各种内部参数的输出（如电流、频率、保护动作驱动等）信号。

⑤ 速度检测电路以装在异步电动轴机上的速度检测器（TG、PLG 等）的信号为速度信号，送入运算回路，根据指令和运算可使电动机按指令速度运转。

⑥ 保护电路主要检测主电路的电压、电流等，当发生过载或过电压等异常时，为了防止逆变器和异步电动机损坏，使逆变器停止工作或抑制电压、电流值。

（3）保护电路

逆变器控制电路中的保护电路，可分为逆变器保护和异步电动机保护两种，参阅表8-1。

表 8-1　保护功能

保护对象	保护功能
逆变器保护	瞬时过电流保护；过载保护；再生过电压保护；瞬时停电保护；接地过电流保护；冷却风机保护
异步电动机保护	过载保护；超频保护
其他保护	防止失速过电流；防止失速再生过电压

① 逆变器保护

a. 瞬时过电流保护。由于逆变电流负载侧短路等，流过逆变器器件的电流达到异常值（超过容许值）时，瞬时停止逆变器运转，切断电流。变流器的输出电流达到异常值，也同样停止逆变器运转。

b. 过载保护。逆变器输出电流超过额定值，且持续流通达规定的时间以上，为了防止逆变器器件、电线等损坏要停止运转。恰当的保护需要反时限特性，采用热继电器或者电子热保护（使用电子电路）。过载是由于负载的 GD^2（惯性）过大或因负载过大使电动机堵转而产生。

c. 再生过电压保护。采用逆变器是电动机快速减速时，由于再生功率直流电路电压将升高，有时超过容许值。可以采取停止逆变器运转或停止快速减速的方法，防止过电压。

d. 瞬时停电保护。对于数毫秒以内的瞬时停电，控制电路工作正常。但瞬时停电如果达数 10ms 以上时，通常不仅控制电路误动作，主电路也不能供电，所以检出后使逆变器停止运转。

e. 接地过电流保护。逆变器负载接地时，为了保护逆变器有时要有接地过电流保护功能。但为了确保人身安全，需要装设漏电断路器。

f. 冷却风机异常。有冷却风机的装置，当风机异常时装置内温度将上升，因此采用风机热继电器或器件散热片温度传感器，检出异常后停止逆变器。在温度上升很小，对运转无妨碍的场合，可以省略。

② 异步电机的保护

a. 过载保护。过载检出装置与逆变器保护共用，但考虑低速运转的过热时，在异步电动机内埋入温度检出器，或者利用装在逆变器内的电子热保护来检出过热。动作频繁时，可以考虑减轻电动机负载、增加电动机及逆变器容量等。

b. 超额（超速）保护。逆变器的输出频率或者异步电动机的速度超过规定值时，停止逆变器运转。

③ 其他保护

a. 防止失速过电流，急加速时，如果异步电动跟踪迟缓，则过电流保护电路动作，运转就不能继续进行（失速）。所以，在负载电流减小之前要进行控制，抑制频率上升或使频率下降。对于恒速运转中的过电流，有时也进行同样的控制。

b. 防止失速再生过电压

减速时产生的再生能量使主电路直流电压上升，为了防止再生过电压电路保护动作，在直流电压下降之前要进行控制，抑制频率下降，防止不能运转（失速）。

8.1.4 变频器的一般分类

（1）按变换的环节分类

可分为交-交变频器，即将工频交流直接变换成频率电压可调的交流，又称直接式变频器；交-直-交变频器，则是先把工频交流通过整流器变成直流，然后再把直流变换成频率电压可调的交流，又称间接式变频器，是目前广泛应用的通用型变频器。

交-直-交变频器的主电路如图 8-5 所示，可以分为以下几部分。

① 整流电路　交-直部分整流电路通常由二极管或晶闸管构成的桥式电路组成。根据输入电源的不同，分为单相桥式整流电路和三相桥式整流电路。我国常用的小功率的变频器多数为单相 220V 输入，较大功率的变频器多数为三相 380V（线电压）输入。

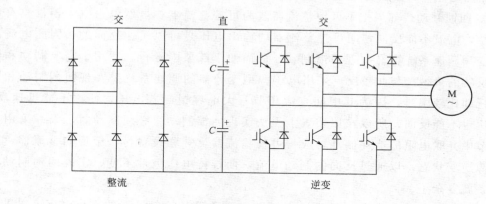

图 8-5　交-直-交变频器的主电路

② 中间环节（滤波电路）　根据储能元件不同，可分为电容滤波和电感滤波两种。由于电容两端的电压不能突变，流过电感的电流不能突变，所以用电容滤波就构成电压源型变频器，用电感滤波就构成电流源型变频器。

③ 逆变电路（直-交部分）　逆变电路是交-直-交变频器的核心部分，其中 6 个三极管按其导通顺序分别用 VT1～VT6 表示，与三极管反向并联的二极管起续流作用。按每个三极管的导通电角度又分为 120°导通型和 180°导通型两种类型。

逆变电路的输出电压为阶梯波，虽然不是正弦波，却是彼此相差 120°的交流电压，即实现了从直流电到交流电的逆变。输出电压的频率取决于逆变器开关器件的切换频率，达到了变频的目的。

实际逆变电路除了基本元件三极管和续流二极管外，还有保护半导体元件的缓冲电路，三极管也可以用门极可关断晶闸管代替。

（2）按直流电源性质分类

① 电流型变频器　电流型变频器特点是中间直流环节采用大电感作为储能环节，缓冲无功功率，即扼制电流的变化，使电压接近正弦波，由于该直流内阻较大，故称电流源型变频器（电流型）。电流型变频器的特点（优点）是能扼制负载电流频繁而急剧的变化。常选用于负载电流变化较大的场合。

② 电压型变频器　电压型变频器特点是中间直流环节的储能元件采用大电容，负载的无功功率将由它来缓冲，直流电压比较平稳，直流电源内阻较小，相当于电压源，故称电压型变频器，常选用于负载电压变化较大的场合。

从主电路上看，电压源型变频器和电流源型变频器的区别仅在于中间直流环节滤波器的形式不同，但是这样一来，却造成两类变频器在性能上相当大的差异，主要表现如下。

a. 无功能量的缓冲。对于变压变频调速系统来说，变频器的负载是异步电机，属于感性负载，在中间直流环节与电机之间，除了有功功率的传送外，还存在无功功率的交换。逆变器中的电力电子开关器件无法储能，无功能量只能靠直流环节中作为滤波器的储能元件来缓冲，使它不致影响到交流电网。因此也可以说，两类变频器的主要区别在于用什么储能元件（电容器或电抗器）来缓冲无功能量。

b. 回馈制动。如果把不可控整流器改为可控整流器，虽然电力电子器件具有单向导电性，电流不能反向，而可控整流器的输出电压是可以迅速反向的，因此电流源型变压变频调速系统容易实现回馈制动，从而便于四象限运行，适用于需要制动和经常正、反转的机械。与此相反，采用电压源型变频器的调速系统要实现回调制动和四象限运行却比较困难，因为其中间直流环节有大电容钳制着电压，使之不能迅速反向，而电流也不能反向，所以在原装置上无法实现回馈制动。必须制动时，只好采用在直流环节中并联电阻的能耗制动，或与可控整流器反并联设置另一组反向整流器，工作在有源逆变状态，以通过反向的制动电流，而维持电压极性不变，实现回馈制动。这样设备就复杂了。

c. 调速时的动态响应：由于交-直-交电流源型变压变频装置的直流电压可以迅速改变，所以由它供电的调速系统动态响应比较快，而电压源型变压变频调速系统的动态响应就慢得多。

d. 适用范围：由于滤波电容上的电压不能发生突变，所以电压源型变频器的电压控制响应慢，适用于作为多台电机同步运行时的供电电源但不要求快速加减速的场合。

电流源型变频器则相反，由于滤波电感上的电流不能发生突变，所以电流源型变频器对负载变化的反应迟缓，不适用于多电机传动，而更适合于一台变频器给一台电机供电的单电机传动，但可以满足快速启动、制动和可逆运行的要求。

此外，变频器还可以按输出电压调节方式分类，按控制方式分类，按主开关元器件分类，按输入电压高低分类。

8.2 PMW 控制技术

PWM 控制技术一直是变频技术的核心技术之一。从最初采用模拟电路完成三角调制波和参考正弦波的比较，产生正弦脉宽调制 SPWM 信号以控制功率器件的开关开始，到目前采用全数字化方案，完成优化的实时在线的 PWM 信号输出，PWM 在各种应用场合仍占主导地位，并一直是人们研究的热点。由于 PWM 可以同时实现变频变压反抑制谐波的特点，因此在交流传动乃至其他能量交换系统中得到广泛的应用。

8.2.1 PWM 控制技术分类

PWM 控制技术大致可以分为三类：正弦 PWM，优化 PWM，随机 PWM。

正弦 PWM 具有改善输出电压和电流波形、降低电源系统谐波的多重 PWM 技术，在大功率变频器中有其独特的优势。

优化 PWM 所追求的则是实现电流谐波畸变率最小、电压利用率最高、效率最优、转矩脉动最小及其他特定优化目标。

随机 PWM 原理是随机改变开关频率，使电机电磁噪声近似为限带白噪声，尽管噪声的总分贝数未变，但以固定开关频率为特征的有色噪声强度大大削弱。

正弦波脉宽调制 SPWM 变频器结构简单，性能优良，主电路不用附加其他装置，已成为当前最有发展前途的一种结构形式。图 8-6 所示为 SPWM 变频器的电路原理，该电路的主要特点是：

① 主电路只有一个可控的功率环节，简化了结构；

② 使用了不可控的整流器，使电网功率因数与变频器输出电压的大小无关而接近于 1；

③ 变频器在调频的同时实现调压，而与中间直流环节的元件参数无关，加快了系统的动态响应；

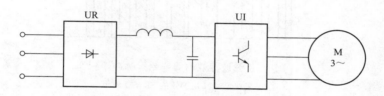

图 8-6　SPWM 交-直-交变频器电路原理

④ 可获得比常规 6 拍阶梯波更好的输出电压波形，能抑制或消除低次谐波，使负载电动机可在近似正弦波的交变电压下运行，转矩脉动小，大大扩展了拖动系统调速范围，并提高了系统的性能。

8.2.2　SPWM 变频器的工作原理

所谓正弦波脉宽调制（SPWM）就是把正弦波等效为一系列等幅不等宽的矩形脉冲波形，如图 8-7 所示，等效的原则是每一区间的面积相等。如果把一个正弦半波分作 n 等份（图中 $n=12$），然后把每一等份的正弦曲线与横轴所包围的面积都用一个与此面积相等的等高矩形脉冲来代替，矩形脉冲的中点与正弦波每一等份的中点重合，而宽度是按正弦规律变化的如图 8-7（b）所示。这样，由 n 个等幅而不等宽的矩形脉冲所组成的波形就与正弦半周等效，称作 SPWM 波形。同样，正弦波负半周也可用相同方法与一系列负脉冲波来等效。

图 8-7（b）所示的一系列脉冲波形，就是所期望的变频器输出 SPWM 波形。可以看到，由于各脉冲的幅值相等，所以变频器可由恒定的直流电源供电，即这种交-直-交变频器中的整流器采用不可控的二极管整流器即可，变频器输出脉冲的幅值，就是整流器的输出电压幅值。当变频器各开关器件都是在理想状态下工作时，驱动相应开关器件的信号也应为与图 8-7（b）所示形状相似的一系列脉冲波形。

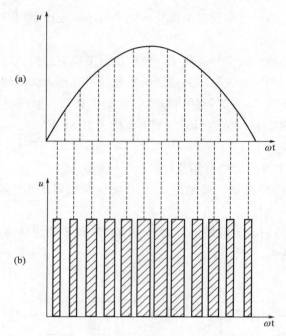

图 8-7　与正弦波等效的等幅矩形脉冲序列波

（a）正弦波形；（b）等效的 SPWM 波形

8.3　风力发电系统并网技术

　　现今，许多国家都把风电作为一种清洁的可再生能源去鼓励发展。在中国，风电市场更是取得了长足的进步。目前，越来越多的风电正在接入电网，但大量的风电接入电网会使电网面临一系列的挑战。其中，电网故障导致风电场的解列就是面临的重要挑战之一。很多风资源丰富的地区相对偏远，当地的电源少、负荷低，风电并网处的电网较弱。当高比例的风电接入到弱电网，系统稳态运行和有扰动时，会影响系统和风电场运行的安全稳定性。为了将此风险最小化，甚至加以避免，在风电场项目的最初阶段开展并网研究，对于保证风场的全部发电能够安全可靠地输送到电网是非常重要的。

　　风力发电系统主要有三种运行方式：一是独立运行方式，通常是一台小型风力发电机向一户或几户提供电力，采用蓄电池进行蓄能；二是风力发电与其他发电方式（如太阳能发电）相结合形成互补发电系统，向一个单位或一个村庄或一个海岛供电；三是风力发电并入常规电网运行，向大电网提供电力。

8.3.1　独立运行的风力发电系统

　　风力发电机组独立运行是一种比较简单的运行方式。由于风能的不稳定性，需要配置充电装置，最普遍使用的充电装置为蓄电池，当风力发电机在运转时，为用电装置提供电力，同时将多余的电能向蓄电池充电。根据供电系统的不同可分为直流系统和交流系统。

（1）直流系统

独立运行的直流风力发电系统，为由一个风力机驱动的小型直流发电机经蓄电池蓄能装置向电阻性负载供电。当风力减小，风力机转速降低，致使直流发电机电压低于蓄电池组电压时，发电机不能对蓄电池充电，而蓄电池却要向发电机反向送电。为了防止这种情况的发生，在发电机电枢电路与蓄电池组之间装有由逆流继电器控制的动断触点，当直流发电机电压低于蓄电池组电压时，逆流继电器工作断开动断触点，使蓄电池不能向发电机反向供电。如图8-8所示。

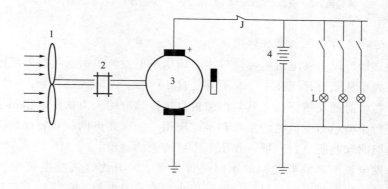

图 8-8　独立运行的直流风力发电系统

1—风力机；2—联轴器；3—永磁直流发电机；4—蓄电池

（2）交流系统

如果在蓄电池的正负极两端直接接上直流负载，则构成了一个由交流发电机经整流器组成整流后向蓄电池充电及向直流负载供电的系统。如图8-9所示。

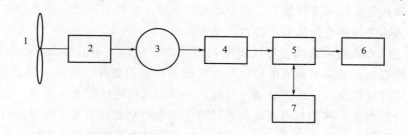

图 8-9　交流发电机向直流负载供电

1—风力机；2—齿轮箱；3—交流发电机；4—整流器；5—控制器；6—负载；7—蓄电池

如果在蓄电池的正负极接上逆变器，则可向交流负载供电，如图8-10所示。

独立运行的风力发电系统特点：结构简单，规模小，但只能向独立的小用户提供电力。

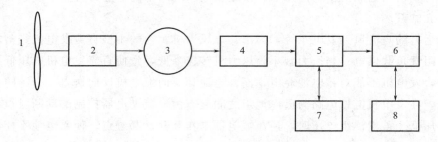

图 8-10　交流发电机向交流负载供电

1—风力机；2—齿轮箱；3—交流发电机；4—整流器；5—控制器；6—逆变器；7—蓄电池；8—负载

（3）独立运行风力发电机系统的发展

通常，独立运行风力发电机组容量较小，均属小型发电机组。可按照发电容量的大小进行分类，其大小从几百瓦至几十千瓦不等。自 20 世纪 80 年代初开始，中国的小型风力机制造产业，在政府的支持下，尤其是内蒙古自治区政府的大力扶植，得到了引人瞩目的发展，十几万台小型风力发电机的生产和推广应用，为远离电网的农牧民解决基本的生活用电，尤其是照明和收听电台广播，作出了不可磨灭的贡献。

小型风力发电机按照发电类型的不同进行分类，可分为直流发电机型、交流发电机型。较早时期的小容量风力发电机组一般采用小型直流发电机，在结构上有永磁式及电励磁式两种类型。永磁式直流发电机利用永磁铁提供发电及所需的励磁磁通；电励磁式直流发电机则是借助于励磁线圈内流过的电流产生磁通来提供发电及所需要的励磁磁通。由于励磁绕组与电枢绕组连接方式的不同，又可分为他励与并励（或自励）两种形式。随着小型风力发电机组的发展，发电机类型逐渐由直流发电机转变为交流发电机。主要包括永磁发电机、硅整流自励交流发电机及电容自励异步发电机。其中，永磁发电机在结构上转子无励磁绕组，不存在励磁绕组损耗，效率高于同容量的励磁式发电机；转子没有滑环，运转时更安全可靠；电机重量轻，体积小，工艺简便，因此在独立运行风力发电机中被广泛应用，但其缺点是电压调节性能差。硅整流自励交流发电机是通过与滑环接触的电刷与硅整流器的直流输出端相连，从而获得直流励磁电流。

但是由于风力的随机波动会导致发电机转速的变化，从而引起发电机出口电压的波动，这将导致硅整流器输出直流电压及发电机励磁电流的变化，并造成励磁磁场的变化，这样又会造成发电机出口电压的波动。因此，为抑制这种连锁的电压波动，稳定输出，保护用电设备及蓄电池，该类型的发电机需要配备相应的励磁调节器。电容自励异步发电机是根据异步发电机在并网运行时，电网供给的励磁电流对异步感应电机的感应电动势而言是容性电流的特性而设计的。即在风力驱动的异步发电机独立运行时，未得到此容性电流，需在发电机输出端并接电容，从而产生磁场建立电压。为维持发电机端电压，必须根据负载及风速的变化调整并接电容的数值。

8.3.2　互补运行的风力发电系统

在互补运行的风力发电系统中，除了有风力发电装置之外，还带有一套备用的发电系统，经常采用的是柴油机，也有利用太阳能电池的。风力发电机和柴油发电机构成一个混合系统。在风力发电机不能提供足够的电力时，由柴油机提供备用的电力，以实现连续、稳定的供电。其主要特点是：一是系统可靠性高，互补运行发电系统综合了两个发电系统的特点，取长补短，相互补充，更好地保证了供电系统的可靠性；二是由于综合了多个发电系统的优势，互补运行发电系统从经济性、可靠性等方面进行更加科学、合理的配置。

8.3.3 并网运行的风力发电系统

风力发电采用不同类发电机并网方案。

（1）风力发电采用同步发电机的方案

交流同步发电机的转速是一固定和恒速转速，此发电机的转速与电网频率的匹配是简单的硬连接，风力资源有较大的随机性，因此发电机和电网之间使用交-直-交的频率变换器，可使风机在较大转速范围内运行。

图 8-11 所示的采用同步发电机风力发电方案，对于同步机的励磁可以有两种方法：单独给励磁同步发电机的转子绕组提供直流电源的方案和采用永磁同步发电机方案，两者的主要区别在一般后者更倾向应用在中、小容量的风力发电机组。

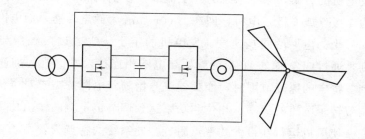

图 8-11　风力发电采用同步发电机方案

（2）风力发电采用异步发电机的方案

根据日常维护经验，如果一种方案没有滑环的存在，这种方案将是最受欢迎的方案。这也是当今交流异步电机更受青睐的原因。

在风力发电领域也包括着同样的问题，图 8-12 和图 8-13 都为交流异步电机的方案。

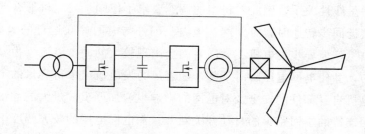

图 8-12　风力发电采用的异步发电机的方案

129

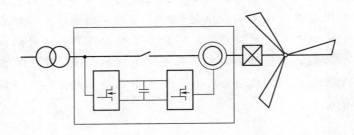

图 8-13 风力发电采用交流异步双馈电机方案

图 8-12 的方案一般采用在双速电机的方案上，即在低风速运行时的发电，在整个运行风速范围内由于气流的速度是在不断变化的，如果风力机的转速不能随风速的变化而调整，会使桨叶过早进入失速状态，同时发电机本身也存在低负荷时的效率问题。因此在风力发电系统中普遍采用交流异步双速电机，分别设计成 4 极和 6 极。一般 6 极发电机的额定功率设计成 4 极发电机的 1/4 到 1/5。这样，当风力发电机组在低速段运行时，不仅桨叶有较高的气动效率，发电机的效率也可能保持较高水平。

图 8-13 为交流异步双馈发电机的方案。应该说这种方案是目前所公认的、最为经济和有效的风力发电机的方案，整个系统为一交流双馈发电机和一变频器组成，其设计的速度范围在一般为 4 极（或 6 极）电机，即在 1500r/min 为额定转速，而电网的频率标准是50Hz，1500r/min 也为电网的同步速度。发电机的定子绕组通过接触器与电网连接，而发电机的转子则是通过四象限交-直-交变频器与电网相连接，发电机的加速是由风力来驱动的。在驱动到一特定的速度范围时，变频器就开始随着电网的需求对电机的转子电流进行调节，通过调节转子电流的频率、相位和功率达到调节定子侧的输出功率，使之与风机输出功率相匹配，使风机运行在最大功率点附近。此系统的特点为：由于变频器仅介于电机的转子和电网之间，故变频器的容量大约为发电机总容量的 25%；根据电网的需要，可以控制系统的功率因数在容性或感性之间。

（3）风力发电机的并网方法

风力发电领域要解决的一个很重要的问题是风力发电机组的并网问题。目前在国内和国外大量采用的是交流异步发电机，其并网方法也根据电机的容量不同和控制方式不同而变化。根据电机理论，异步发电机并入电网运行时，是靠滑差率来调整负荷的，其输出的功率与转速近乎呈线性关系，因此对机组的调速要求不像同步发电机那么严格和精确，只要检测到转速接近同步转速时就可并网，国内及国外与电网并联运行的风力发电机组中，多采用异步发电机，但异步发电机在并网瞬间会出现较大的冲击电流（为异步发电机额定电流的 4～7 倍），并使电网电压瞬时下降。随着风力发电机组单机容量的不断增大，这种冲击电流对发电机自身部件的安全及对电网的影响也愈加严重。过大的冲击电流，有可能使发电机与电网连接的主回路中的自动开关断开；而电网电压的较大幅度下降则可能会使电压保护回路动作，从而导致异步发电机根本不能并网。当前在风力发电系统中采用的异步发电机并网方法有以下几种。

① 直接并网　这种并网方法要求在并网时发电机的相序与电网的相序相同,当风力驱动的异步发电机转速接近同步转速时即可自动并入电网;自动并网的信号由测速装置给出,而后者通过自动空气开关合闸完成并网过程。显而易见这种并网方式比同步发电机的准同步并网简单。但如上所述,直接并网时会出现较大的冲击电流及电网电压的下降,因此这种并网方法只适用于异步发电机容量在百千瓦级以下或电网容量较大的情况下。我国最早引进的55kW风力发电机组及自行研制的50kW风力发电机组都是采用这种方法并网的。

② 降压并网　这种并网方法是在异步电机与电网之间串接电阻或电抗器,或者接入自耦变压器,以达到降低并网合闸瞬间冲击电流幅值及电网电压下降的幅度。因为电阻、电抗器等元件要消耗功率,在发电机并入电网以后,进入稳定运行状态时,必须将其迅速切除,这种并网方法适用于百千瓦级以上,容量较大的机组,可见这种并网方法的经济性较差,中国引进的200kW异步风力发电机组,就是采用这种并网方式,并网时发电机每相绕组与电网之间皆串接有大功率电阻。

③ 通过可控的晶闸管软并网　这种并网方法是在异步发电机定子与电网之间通过每相串入一只双向晶闸管连接起来,三相均有晶闸管控制。接入双向晶闸管的目的是将发电机并网瞬间的冲击电流控收到由控制系统内微处理机发出的启动命令后,先检查发电机的相序与电网的相序是否一致,若相序正确,则发出风力发电机组开始启动的命令。当发电机转速接近同步转速时(为99%~100%同步转速),双向晶闸管的控制角同时由180°到0°逐渐同步打开;与此同时,双向晶闸管的导通角则同时由0°到180°逐渐增大,异步发电机即通过晶闸管平稳地并入电网;随着发电机转速继续升高,电机的滑差率逐渐趋于零,当滑差率为零时,并网自动开关动作,双向晶闸管被短接,异步发电机的输出电流将不再经双向晶闸管,而是通过已闭合的自动开关直接流入电网。在发电机并网后,应立即在发电机端并入补偿电容,将发电机的功率因数(cosφ)提高到0.95以上。这种软并网方法的特点是通过控制晶闸管的导通角,将发电机并网瞬间的冲击电流值限制在规定的范围内(一般为1.5倍额定电流以下),从而得到一个平滑的并网暂态过程。通过晶闸管软并网方法将风力驱动的异步发电机并入电网,是目前国内外中型及大型风力发电机组中普遍采用的,我国引进和自行开发研制生产的250kW、300kW、600kW的并网型异步风力发电机组,都是采用这种并网技术。

④ 采用变频技术调节电网的功率因数　在风电领域,经常遇到的一个难题是,薄弱的电网短路容量、电网电压的波动和风力发电机的频繁掉线。由于变频技术的发展,可以使交-直-交变频调节装置的控制功能,很容易地根据电网采集到的线路电压波动的情况、功率因数的状况、电网的要求和所期望值相比较,通过整个系统内部的通信单元把要控制的要求传递给风电场的每一台风力发电机中的控制单元,调节和控制变频装置的频率、相位角和幅值,使之达到调节电网的功率因数,为弱电网提供无功能量的要求。这样的一个系统是一个闭环控制系统。

(4) 恒速恒频和变速恒频发电

根据发电机的运行特征和控制技术,并网型风力发电系统又可分为恒速恒频发电和变速恒频发电两大类。

① 恒速恒频发电机的并网运行　恒速恒频风力发电系统的基本结构如图 8-14 所示。随着风速的变化，发电机输出频率变化较小，而且叶片转速变化范围也很小，看上去叶片似乎是在"恒速"旋转。目前常用于这种恒速风力机系统的功率控制方式为变桨距控制。其工作特性为：在额定风速以下时，桨距角保持零度附近，可认为等同于定桨距风力发电机，发电机的输出功率随风速的变化而变化；当风速达到额定风速以上时，变桨距机构发挥作用，调整桨距角，保证发电机的输出功率在允许的范围内。它的主要优点是桨叶受力较小，因而可以做得比较轻巧，并且可以尽可能多地捕获风能，提高发电量；其缺点是结构比较复杂，故障率相对较高。

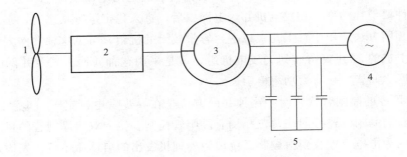

图 8-14　恒速恒频风力发电系统

1—风力机；2—齿轮箱；3—异步发电机；4—电网；5—电容器

恒速恒频风力发电系统具有结构简单、成本低、过载能力强以及运行可靠性高等优点。

主要缺点：一是风力机转速不能随风速而变，从而降低了对风能的利用率；二是当风速突变时，巨大的风力传递给主轴、齿轮箱和发电机等部件，在这些部件上产生很大的机械应力；三是并网时可能产生巨大的冲击电流。

目前的恒速机组，大部分使用异步发电机，在发出有功功率的同时，还需要消耗无功功率（通常是安装电容器，以补偿大部分消耗的无功功率）。而现代变速风电机组却能十分精确地控制功率因数，甚至向电网输送无功功率，改善系统的功率因数。由于以上原因，变速风电机组越来越受到风电界的重视，特别是在进一步发展的大型机组中将更为引人注目。

② 变速恒频发电机并网方式　当然，决定变速机组设计是否成功的一个关键是变速恒频发电系统及其控制装置的设计。

利用变速恒频发电方式，风力机就可以改恒速技术运行为变速运行，这样就可能使风轮的转速随风速的变化而变化，使其保持在一个恒定的最佳叶尖速比，使风力机的风能利用系数在额定风速以下的整个运行范围内都处于最大值，从而可比恒速运行获取更多的能量。尤其是这种变速机组可适应不同的风速区，大大拓宽了风力发电的地域范围。即使风速跃升时，所产生的风能也部分被风轮吸收，以动能的形式储存于高速运转的风轮中，从而避免了主轴及传动机构承受过大的扭矩及应力，在电力电子装置的调控下，将高速风轮所释放的能量转变为电能，送入电网，从而使能量传输机构所受应力比较平稳，风力机组运行更加平稳和安全。

风力发电机变速恒频控制方案一般有 4 种。

a. 笼式异步发电机变速恒频风力发电系统。采用的发电机为笼式转子，其变速恒频控制策略是在定子电路实现的。由于风速是不断变化的，导致风力机以及发电机的转速也是变化的，所以，实际上笼式风力发电机发出的电是频率变化的，即为变频的，通过定子绕组与电网之间的变频器把变频的电能转化为与电网频率相同的恒频电能。尽管实现了变速恒频控制，具有变速恒频的一系列优点，但由于变频器在定子侧，变频器的容量需要与发电机的容量相同，使得整个系统的成本、体积和重量显著增加，尤其对于大容量的风力发电系统。

b. 双馈式变速恒频风力发电系统。双馈式变速恒频风力发电系统常采用的发电机为转子交流励磁双馈发电机，其结构与绕线式异步电机类似。由于这种变速恒频控制方案是在转子电路实现的，流过转子电路的功率是由交流励磁发电机的转速运行范围所决定的转差功率，该转差功率仅为定子额定功率的一小部分，所需的双向变频器的容量仅为发电机容量的一小部分，这样该变频器的成本以及控制难度大大降低。

这种采用交流励磁双馈发电机的控制方案除了可实现变速恒频控制，减少变频器的容量外，还可实现有功、无功功率的灵活控制，对电网而言可起到无功补偿的作用。缺点是交流励磁发电机仍然有滑环和电刷。

目前已经商用的有齿轮箱的变速恒频系统，大部分采用绕线式异步电机作为发电机，由于绕线式异步发电机有滑环和电刷，这种摩擦接触式结构在风力发电恶劣的运行环境中较易出现故障。而无刷双馈电机定子有两套级数不同绕组，转子为笼型结构，无需滑环和电刷，可靠性高。这些优点都使得无刷双馈电机成为当前研究的热点。但在目前，这种电机在设计和制造上仍然存在着一些难题。

c. 直驱型变速恒频风力发电系统。近几年来，直接驱动技术在风电领域得到了重视。这种风力发电机组采用多极发电机与叶轮直接连接进行驱动的方式，从而免去了齿轮箱这一传统部件，由于其具有很多技术方面的优点，特别是采用永磁发电机技术，其可靠性和效率更高，处于当今国际上领先地位，在今后风电机组发展中将有很大的发展空间。德国在 2003 年上半年所安装的风力机中，就有 40.9% 采用了无齿轮箱系统。直驱型变速恒频风力发电系统的发电机多采用永磁同步发电机，其转子为永磁式结构，无需外部提供励磁电源，提高了效率。其变速恒频控制也是在定子电路实现的，把永磁发电机发出变频的交流电，通过变频器转变为与电网同频的交流电，因此，变频器的容量与系统的额定容量相同。

采用永磁发电机可做到风力机与发电机的直接耦合，省去了齿轮箱，即为直接驱动式结构，这样可大大减少系统运行噪声，提高可靠性。尽管由于直接耦合，永磁发电机的转速很低，使发电机体积很大，成本较高，但由于省去了价格更高的齿轮箱，所以，整个系统的成本还是降低了。另外，电励磁式径向磁场发电机也可视为一种直驱风力发电机的选择方案，在大功率发电机组中，它的直径大而轴向长度小。为了能放置励磁绕组和极靴，极距必须足够大，它的输出交流电频率通常低于 50Hz，必须配备整流逆变器。

直驱式永磁风力发电机的效率高、极距小，况且永磁材料的性价比正得到不断提升，应用前景十分广阔。

　　d. 混合式变速恒频风力发电系统。直驱式风力发电系统不仅需要低速、大转矩电机，而且需要全功率变流器，为了降低电机设计难度，带有低变速比齿轮箱的混合型变速恒频风力发电系统得到实际应用。这种系统可以看成全直驱传动系统和传统解决方案的一个折中。发电机是多极的，和直驱设计本质上一样的，但它更紧凑，相对来说具有更高的速度和更小的转矩。

　　在变速恒频中，发电机的转速是可以随风速变化的，变速恒频风力发电系统主要有两种类型，一种是双馈型异步发电机，另一种是风力机直接驱动同步发电机。如图 8-15 为风力机直接驱动的同步发电机系统，在此系统构成的变速恒频发电系统中，风力机直接与发电机相连，不需要齿轮箱升速，发电机输出电压的频率随转速变化而变化，通过交-直-交或交-交变频器与电网相连，在电网侧得到频率恒定的电压。

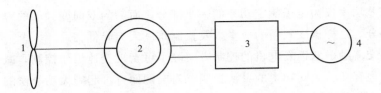

图 8-15　风力机直接驱动的同步发电机系统

1—风力机；2—同步发电机；3—变换器；4—电网

　　图 8-16 为双馈感应发电机系统，它基本结构包括绕线式异步发电机、变频器和控制环节，其定子绕组直接接入电网，转子采用三相对称绕组。发电机向电网输出的功率由两部分组成，即直接从定子输出的功率和通过逆变器从转子输出的功率。当风力机运行在超同步速度时，功率从转子流向电网；而当运行在亚同步速度时，功率从定子流向转子。

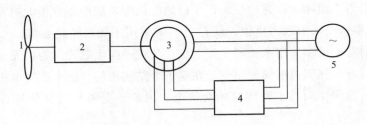

图 8-16　双馈感应发电机系统

1—风力机；2—齿轮箱；3—双馈感应发电机；4—变频器；5—电网

　　与传统的恒速恒频风力发电系统相比，变速恒频系统具有如下优点。

　　风能转换效率高。变速运行风力机以最佳叶尖速比、最大功率点运行，提高了风力机的运行效率，与恒速恒频风电系统相比，理论上年发电量一般可提高 20％以上。变速运行的风力机不但年运行小时数较高，而且输出功率上限也比恒速运行的风力机要高。

采用变速恒频发电技术，可使发电机组与电网系统之间实现良好的柔性连接，当风速跃升时，能吸收阵风能量，把能量储存在机械惯性中，减少阵风冲击对风力机带来的疲劳损坏，减少机械应力和转子脉动，延长风力机寿命。当风速下降时，高速运转的风轮能量便释放出来变为电能送给电网。

通过矢量控制调节励磁，可以实现发电机输出有功功率和无功功率的独立调节。在实现最大风能捕获的同时，还可以调节电网功率因数，提高了电力系统的动静态性能和稳定性。由于采用了交流励磁，变速恒频发电方式可以实现发电机和电力系统的柔性连接，并网相对容易而且并网运行后一般不会发生失步。

采用变速恒频发电技术，可使变桨距调节简单化。变速运行放宽了对桨距控制响应速度的要求。在低风速时，桨距角固定；在高风速时，调节桨距角限制最大输出功率。

较宽的转速运行范围，以适应由于风速变化引起的风力机转速的变化。采用先进的PWM技术，可抑制谐波，减小开关损耗，提高效率，降低成本。双馈电机可通过调节转子励磁电流实现软并网，避免并网时发生的电流冲击和过大的电压波动。

（3）其他发电系统

开关磁阻发电机和无刷爪极自励发电机也可以用在风力发电系统中。其中，开关磁阻发电机为双凸极电机，定子、转子均为凸极齿槽结构，定子上设有集中绕组，转子上既无绕组也无永磁体，故机械结构简单、坚固、可靠性高。无刷爪极自励发电机与一般同步电机的区别仅在于它的励磁系统部分。其定子铁芯及电枢绕组与一般同步电机基本相同。由于爪极发电机的磁路系统是一种并联磁路结构，所有各对极的磁势均来自一套共同的励磁绕组，因此与一般同步发电机相比，励磁绕组所用的材料较省，所需的励磁功率也较小。

8.3.4　发展趋势

随着各国政策的倾斜和科技的不断进步，世界风力发电发展迅速，表现出了广阔的前景。未来数年世界风力发展的趋势表现如下。

（1）风力发电从陆地向海面拓展

海面的广阔空间和巨大的风能潜力，使得风机从陆地移向海面成为一种趋势。目前只有少数国家建立了海上风电场，但预计今后几年，欧洲的海上风力发电将会大规模的起飞。

（2）新方案和新技术将不断被采用

在功率调节方式上，变速恒频技术和变桨距调节技术将得到更多的应用。在发电机类型上，控制灵活的无刷双馈型感应发电机和设计简单的永磁发电机将成为风力发电的新宠。在励磁电源上，随着电力电子技术的发展，新型变换器不断出现，变换器性能得到不断地改善。在控制技术上，计算机分布式控制技术和新的控制理论将进一步得到应用。在驱动方式上，免齿轮箱的直接驱动技术将更加吸引人们的注意。在技术上，经过不断发展，世界风力发电机组的逐渐形成了水平轴、三叶片、上风向、管式塔的统一形式。

随着电力电子技术、微机控制技术和材料技术的不断发展，世界风力发电技术得到了飞速发展，主要体现在：

① 单机容量不断上升　单机容量为 SMW 的风机已经进入商业化运行阶段；

② 变桨距功率调节方式迅速取代定桨距功率调节方式　采用变桨距调节方式避免了定桨距调节方式中超过额定风速发电功率将下降的缺点；

③ 变速恒频方式迅速取代恒速恒频方式　变速恒频方式可通过调节机组转速追踪最大风能，提高了风力机的运行效率；

④ 无齿轮箱系统的直驱方式增多　去掉齿轮箱虽然提高了发电机的设计和制造成本，但有效地提高了发电系统的效率和可靠性。

（3）风力发电机组将更加个性化

适合特定市场和风况的风力机将被更多地推出，目前，德国的 Repower 公司已经推出了这方面的产品。

（4）从事风力发电的队伍将进一步扩大

随着对风力发电诱人前景的深入认识和更多优惠政策的出台，更多的新成员将加入风力发电产业。

思考题

8-1　风力发电机组上安装变频器的主要作用是什么？

8-2　变频器主要包括哪些设备？各设备的作用是什么？

8-3　简述变频器的工作原理。

8-4　变频器如何分类？各种变频器的特点和适用场合是什么？

8-5　简述 SPMW 控制技术。

8-6　风力发电机组并网会对电网产生什么影响？如何才能保证风力发电的电能稳定地输送到电网上？

8-7　风力发电机组的运行方式有几种？

8-8　风力发电机组的有哪几类并网方式？每种并网方式的优缺点？

实训八　风力发电变频器工作原理

一、实训目的

① 了解变频器的工作原理。

② 风力发电的功率与风速之间的影响关系。

二、实训内容

① 画出变频器工作原理图。

② 绘制风力发电机功率-风速等曲线图。

三、实训步骤

① 按照使用说明书连接线路，打开供电和仪表供电，打开上位机软件界面主界面。

② 打开变频器，调节频率。从较低频率开始调起，如 10～15Hz。

③ 记录当前频率下风速仪测量出的风速。按一定规律改变频率，观察频率变化下风速的变化。

④ 改变风速仪与鼓风机的距离，再次重复③步骤，观察频率变化与风速变化有什么不同。

⑤ 将风力发电实验平台的选择开关打至上挡，进入直接负载模式。将负载箱阻值调整值最小，注意每次调挡需要将 3 个旋钮同时旋动。再将频率调节至 $10\sim15\,\mathrm{Hz}$，上位机界面点开直接负载显示界面，观察此时风力发电机的发电功率。

⑥ 调节变频器频率改变鼓风机，观察风速变化下发电机功率变化。

⑦ 调节频率从 $10\sim45\,\mathrm{Hz}$ 变化，绘制风速-功率曲线。

四、思考题

① 风电系统中有哪些基本参数？

② 不同频率下风速的变化，请用数据表格和曲线表示。

③ 变风速仪与鼓风机不同距离下频率与风速变化，请用数据表格和曲线表示。

五、实训报告要求

① 实训目的、实训内容、实训步骤。

② 实训数据处理及曲线。

③ 实训体会，认识，改进的建议。

附录 GB/T 19070—2003 风力发电机组控制器技术条件

风力发电机组 控制器 试验方法

1 范围

本标准规定了并网型风力发电机组控制器试验条件、试验方法及试验报告编写要求。

本标准适用于与电网并联运行、采用异步发电机的定桨距、失速型风力发电机组控制系统及安全系统试验。

2 规范性引用文件

下列文件中的条款通过本标准的引用而成为本标准的条款。凡是注日期的引用文件，其随后所有的修改单（不包括勘误的内容）或修订版均不适用于本标准，然而，鼓励根据本标准达成协议的各方研究是否可使用这些文件的最新版本。凡是不注日期的引用文件，其最新版本适用于本标准。

GB/T 2900.53—2001 电工术语 风力发电机机组 （idt IEC 60050-415:1999）

GB/T 19069—2003 风力发电机组 控制器 技术条件

GB/T 18451.2—2003 风力发电机组 功率特性试验

GB/T 16935.1—1997 低压系统内设备的绝缘配合 第1部分：原理、要求和试验 （idt IEC 60664-1:1992）

GB/T 17949.1—2000 接地系统的土壤电阻率、接地阻抗和地面电位测量导则 第1部分：常规测量

GB/T 17627.1—1998 低压电气设备的高电压试验技术 第1部分：定义和试验要求 （eqv IEC 61180-1:1992）

GB/T 17627.2—1998 低压电气设备的高电压试验技术 第2部分：测量系统和试验设备 （eqv IEC 61180-2:1994）

JB/T 7879—1999 风力机械 产品型号编制规则

3 术语和定义

GB/T 2900.53—2001 和 GB/T 19069—2003 确立的以及下列术语和定义适用于本标准。

3.1

外场联机试验 field test with turbine

在自然风况下，在已安装并调试完毕的风力发电机组上，针对控制器和安全系统所进行的功能试验。

3.2

试验台 test-bed

用于对风力发电机组的控制器和安全系统进行功能试验的成套设备。该试验台主要由试验台架、可变速原动机、人工气流源、试验变压器、负载（电力网）、监控及数据处理系统等组成。

3.3

台架试验 test on bed

将已安装并调试完毕的机舱固定在试验台上，将主回路、控制回路与机舱内的相应机构及传感器相联接。以原动机（例如电动机）代替自然风况下风轮产生的扭矩，用人工气流改变风速传感器指示值。采用上述设备和方法对风力发电机组所进行的试验称为台架试验。

4 缩略语

机组
风力发电机组。

面板
操作面板。

5 试验目的

验证机组控制系统及安全系统是否满足相关技术条件规定或设计规范要求。

6 试验条件

6.1 试验环境

进行并网型机组控制器及安全系统外场联机试验，其场地选择应满足 GB/T 18451.2 对场地的要求。

6.2 试验准备

6.2.1 被试验机组应附带 GB/T 19069 规定的技术文件。

6.2.2 被试验机组安装调试完毕，经检验应符合有关标准的要求。

6.2.3 检查装于被试验机组上的各类传感器及其安装规程是否符合其本身的标准规定，其性能和精度是否满足系统检测、控制和安全保护要求。

6.2.4 控制器出厂前已调试完毕，各项参数符合相关机组控制与监测要求；各类传感器调整完毕，整定值亦符合相关机组检测与保护要求。

6.2.5 当机组出厂前进行控制器试验时，宜使用试验台进行机舱台架试验。

6.3 测量仪器

试验用仪器、仪表应在计量部门检定有效期内，允许有一个二次校验源（制造厂或标准计量单位）进行校验。所需试验仪器、仪表见附录 A。

7 试验内容和方法

7.1 一般检验

7.1.1 一般检查

主要检查电器零件、辅助装置的安装、接线以及柜体质量是否符合相关标准和图纸的规定。

7.1.2 电气安全检验

主要包括：控制柜和机舱控制箱等电气设备的绝缘水平检验、接地系统检查和耐压试验。上述各项检查与试验分别遵照 GB/T 16935.1、GB/T 17949.1、GB/T 17627.1 和 GB/T 17627.2 要求进行。

7.2 控制功能试验

7.2.1 面板监控功能试验

依照试验机组"操作说明书"的要求和步骤，进行下列试验：

a) 机组运行状态参数的显示、查询、设置及修改

通过面板显示屏查询或修改机组的运行状态参数；

b) 人工启动

1) 启动：通过面板相应的功能键命令试验机组启动，观察发电机并网过程是否平稳；

2) 立即启动：通过面板相应的功能键命令试验机组立即启动，观察发电机并网过程是否平稳；

c) 人工停机

在试验机组正常运行时，通过面板相应的功能键命令机组正常停机，观察风轮叶片扰流板是否甩出，机械制动闸动作是否有效；

d) 面板控制的偏航

在试验机组正常运行时，通过相应的功能键命令试验机组执行偏航动作，观察偏航过程中机组运行是否平稳；

e) 面板控制的解缆

通过面板相应的功能键进行人工扭缆及解缆操作。

7.2.2 自动监控功能试验

依据试验机组"操作说明书"的要求和步骤，进行下列试验：

a) 自动启动

在适合的风况下，观察机组启动时发电机并网过程是否平稳；

b) 自动停机

在适合的风况下，观察机组停机时发电机脱网过程是否平稳；

c) 自动解缆

在出现扭缆故障的情况下，观察机组自动解缆过程是否正常；

d) 自动偏航

在适合的风向变化情况下，观察机组自动偏航过程是否正常。

7.2.3　机舱控制功能试验

依照试验机组"操作说明书"的要求和步骤，进行下列试验：

a) 人工启动

1) 通过机舱内设置的相应功能键命令试验机组启动，观察发电机并网过程是否平稳；

2) 通过机舱内设置的相应功能键命令试验机组立即启动，观察发电机并网过程是否平稳；

b) 人工停机

在试验机组正常运行时，通过机舱内设置的相应功能键命令机组正常停机，观察风轮叶片扰流板是否甩出，机械制动闸动作是否有效；

c) 人工偏航

在试验机组正常运行时，通过机舱内设置的偏航按钮命令试验机组执行偏航动作，观察偏航过程机组运行是否平稳；

d) 人工解缆

在出现扭缆故障的情况下，通过机舱相应的功能按钮进行人工解缆操作。

7.2.4　远程监控功能试验

a) 远程通讯

在试验机组正常运行时，通过远程监控系统与试验机组的通讯过程，检查上位机收到的机组运行数据是否与下位机显示的数据一致；

b) 远程启动

将试验机组设置为待机状态，通过远程监控系统对试验机组发出启动命令，观察试验机组启动的过程是否满足人工启动要求；

c) 远程停机

在试验机组正常运行时，通过远程监控系统对试验机组发出启动命令，观察试验机组是否执行了与面板人工停机相同的停机程序；

d) 远程偏航

在试验机组正常运行时，通过远程监控系统对试验机组发出偏航命令，观察试验机组是否执行了与面板人工偏航相同的偏航动作。

7.3　安全保护试验

7.3.1　风轮转速超临界值

模拟方法：启动小电机，拨动叶轮过速模拟开关，使其从常闭状态断开，观察停机过程和故障报警状态。

7.3.2 机舱振动超极限值

模拟方法：分别拨动摆锤振动开关常开、常闭触点的模拟开关，观察停机过程和故障报警状态。

7.3.3 过度扭缆（模拟试验法）

模拟方法：分别拨动扭缆开关常开、常闭触点的模拟开关，观察停机过程和故障报警状态。

7.3.4 紧急停机

模拟方法：按下控制柜上的紧急停机开关或机舱里的紧急停机开关，观察停机过程和故障报警状态。

7.3.5 二次电源失效

模拟方法：断开二次电源，观察停机过程和故障报警状态。

7.3.6 电网失效

模拟方法：在机组并网运行时，在发电机输出功率低于额定值的 20% 的情况下，断开主回路空气开关，观察停机过程和故障报警状态。

7.3.7 制动器磨损

模拟方法：拨动制动器磨损传感器限位开关，观察停机过程和故障报警状态。

7.3.8 风速信号丢失

模拟方法：在机组并网运行时，断开风速传感器的风速信号，观察停机过程和故障报警状态。

7.3.9 风向信号丢失

模拟方法：在机组并网运行时，断开风速传感器的风向信号，观察停机过程和故障报警状态。

7.3.10 大电机并网信号丢失

模拟方法：大电机并网接触器吸合后，将接触器的反馈信号线断开，观察停机过程和故障报警状态。

7.3.11 小电机并网信号丢失

模拟方法：小电机并网接触器吸合后，将接触器的反馈信号线断开，观察停机过程和故障报警状态。

7.3.12 晶闸管旁路信号丢失

模拟方法：晶闸管旁路接触器吸合后，将接触器的反馈信号线断开，观察停机过程和故障报警状态。

7.3.13 1号制动器故障

模拟方法：强制松开高速刹车，相应的同步触点吸合后拨动刹车释放传感器的模拟开关，观察停机过程和故障报警状态。

7.3.14 2号制动器故障

模拟方法同 7.3.13。

7.3.15 叶尖压力开关动作

模拟方法：拨动叶尖压力开关，观察正常停机过程。

7.3.16　齿轮箱油位低

模拟方法：模拟齿轮油温度使之高于机组"操作说明书"的规定，拨动齿轮油位传感器的油位低模拟开关并维持数秒（具体时间见机组"操作说明书"），观察停机过程和故障报警状态。

7.3.17　无齿轮箱油压

模拟方法：启动齿轮油泵，拨动齿轮油压力低模拟开关并维持数秒（具体时间见机组"操作说明书"），观察停机过程和故障报警状态。

7.3.18　液压油位低

模拟方法：拨动液压油位传感器的油位低模拟开关并维持数秒（具体时间见机组"操作说明书"），观察停机过程和故障报警状态。

7.3.19　解缆故障

模拟方法：分别拨动左偏和右偏扭缆开关，持续数秒（具体时间见机组"操作说明书"），观察停机过程和故障报警状态。

7.3.20　发电机功率超临界值

模拟方法：调低功率传感器变比或动作条件设置点，观察机组动作结果及自复位情况。

7.3.21　发电机过热

模拟方法：调低温度传感器动作条件设置点，观察机组动作结果及自复位情况。

7.3.22　风轮转速超临界值

使机组主轴升速至临界转速，观察叶轮超速模拟开关动作结果、机组停机过程和故障报警状态。

7.3.23　过度扭缆（台架试验法）

控制机舱转动，使之产生过度扭缆效果，当扭缆开关常开、常闭触点模拟开关动作时，观察停机过程和故障报警状态。

7.3.24　轻度扭缆（CCW 顺时针）

控制机舱转动，使之产生轻度扭缆效果，当扭缆开关常开、常闭触点模拟开关动作时，观察停机过程和故障报警状态。

7.3.25　轻度扭缆（CCW 反时针）

控制机舱转动，使之产生轻度扭缆效果，当扭缆开关常开、常闭触点模拟开关动作时，观察停机过程和故障报警状态。

7.3.26　风速测量值失真（偏高）

在机组并网运行时，使发电机负载功率低于 1kW，使风速传感器产生持续数秒（具体时间依机组"操作说明书"的规定）高于 8m/s 的等效风速信号，观察停机过程和故障报警状态。

7.3.27　风速测量值失真（偏低）

在机组并网运行时，使发电机负载功率高于 150kW，使风速传感器产生持续数秒

（具体时间依机组"操作说明书"的规定）低于 3m/s 的等效风速信号，观察停机过程和故障报警状态。

7.3.28　风轮转速传感器失效

在机组并网运行时，使发电机转速高于 100r，断开风轮转速传感器信号后，观察停机过程和故障报警状态。

7.3.29　发电机转速传感器失效

在机组并网运行时，使风轮转速高于 2r，断开发电机转速传感器信号后，观察停机过程和故障报警状态。

7.4　发电机并网及运行试验

7.4.1　软并网功能试验

使机组主轴升速，当异步发电机转速接近同步速（约为同步速的 92%～99%）时，并网接触器动作，发电机经一组双向晶闸管与电网连接，控制晶闸管的触发单元，使双向晶闸管的导通角由 0°至 180°逐渐增大，调整晶闸管导通角打开的速率，使整个并网过程中的冲击电流不大于技术条件的规定值。暂态过程结束时，旁路开关闭合，将晶闸管短接。

在上述试验过程中，通过瞬态记录器记录波形参数和并网过程中的冲击电流值，同时观察并网接触器和旁路接触器动作是否正常。

7.4.2　补偿电容投切试验

在机组并网运行时，通过调整发电机输出功率，在不同负载功率下观察电容补偿投切动作是否正常。

7.4.3　小电机-大电机切换试验

在机组并网运行时，通过由小到大增加发电机负载功率，观察小电机-大电机切换过程。

在上述试验过程中，通过瞬态记录器记录波形参数及并网过程中的冲击电流值，同时观察并网接触器、旁路接触器及电容补偿投切动作是否正常。

7.4.4　大电机-小电机切换试验

在机组并网运行时，通过由大到小减少发电机负载功率，观察大电机-小电机切换过程。

在上述试验过程中，通过瞬态记录器记录波形参数及并网过程中的冲击电流值，同时观察并网接触器、旁路接触器及电容补偿投切动作是否正常。

7.5　抗电磁干扰试验

风力发电机组控制系统的抗电磁干扰试验按照有关标准规定进行，所用的干扰等级可根据预期的使用环境选定。当存在高频电磁波干扰的情况下，各类传感器应不误发信号，执行部件应不误动作。

7.6　其他试验

机组设计、制造单位或机组供需双方商定的其他试验，以及国家质量技术监督部门确定的其他试验。

8 试验报告

试验报告内容及格式见附录 B。

附 录 A
（规范性附录）
仪器、仪表要求

a) 万用表

量程：AC 0～1000V，DC 0～1000V；

准确度：0.5 级。

b) 钳型电流表

量程：AC 0～1000A，0～2000A；

准确度：2 级。

c) 兆欧表

电压：1000V；

量程：0～500MΩ，0～1000MΩ；

准确度：5 级。

d) 双线数字存储示波器

频带响应：0～200MHz；

输入电压：0～250V（带有 10 倍衰减器）；

灵敏度：2mV/div。

e) 四线瞬态记录器

频带响应：0～500MHz；

输入电压：0～250V（带有 10 倍衰减器）；

灵敏度：1mV/div。

f) 工频耐压试验设备

技术性能应符合 GB/T 17627.2 的要求。

g) 电磁兼容测试仪

技术性能应符合有关标准的要求。

附 录 B
（规范性附录）
试验报告格式和内容

B.1 格式

B.1.1 封面

封面应包括试验报告名称、编写报告单位和日期等。其中报告名称中机组型号写法应符合 JB/T 7879，编写报告单位应署全称，与日期一起位于封面正下方。

B.1.2　封二

封二应包括以下内容：报告名称、报告编号、试验地点、试验负责人、试验日期、主要参试人员、报告编写日期、报告编写人（职务或职称）、校对人（职务或职称）、审核人（职务或职称）、批准人（职务或职称）等。

B.2　报告内容

B.2.1　前言

任务来源，试验目的，试验时间等。

B.2.2　试验机组

试验机组简介，依据设计或制造厂商说明书列出主要技术参数和特点。

B.2.3　试验设备

试验台简介，主要仪器、仪表、装置的名称、型号、规格、精度等级及检验日期等。

B.2.4　试验项目

试验项目名称、试验条件。

B.2.5　试验方法

试验方法及有关标准代号，名称。

B.2.6　试验结果

分别列出必要的原始数据和经整理得出的结果，对试验结果进行必要的分析和讨论。

B.2.7　结论

结论要科学、真实、可靠。对机组性能、指标和技术参数按有关技术文件进行认真评价，并对试验过程中所发生的问题进行分析，提出改进意见和建议。

B.3　其他

报告中一般应附有试验照片。

试验发生中断或重要故障时，应在报告中明确中断原因，继续试验的时间和情况。重要故障应较详细地说明情况和处理办法。

————————————————

参考文献

［1］ 张怀全 . 风资源与微观选址：理论基础与工程应用 ［M］. 北京：机械工业出版社，2013.

［2］ 苏州龙源白鹭风电职业技术培训中心 . 风电场建设运行与管理 ［M］. 北京：中国环境科学出版社，2010.

［3］ 刘万琨，李银凤，赵萍 . 风能与风力发电技术 ［M］. 北京：化学工业出版社，2006.

［4］ 叶杭冶 . 风力发电机组控制技术 ［M］. 北京：机械工业出版社，2006.

［5］ 熊礼俭 . 风力发电新技术与发电工程设计运行维护及标准规范实用手册 ［M］. 北京：中国科技文化出版社，2005.

［6］ 吕汀，石红梅 . 变频技术原理与应用 ［M］. 北京：机械工业出版社，2004.